风景园林设计与工程规划

闫廷允　徐梦蝶　张振敏　著

吉林科学技术出版社

图书在版编目（CIP）数据

风景园林设计与工程规划 / 闫廷允，徐梦蝶，张振敏著．-- 长春：吉林科学技术出版社，2022.11

ISBN 978-7-5578-9902-8

Ⅰ．①风… Ⅱ．①闫… ②徐… ③张… Ⅲ．①园林设计②园林－规划 Ⅳ．①TU986

中国版本图书馆 CIP 数据核字（2022）第 205399 号

风景园林设计与工程规划

著　　闫廷允　徐梦蝶　张振敏
出 版 人　宛　霞
责任编辑　潘竞翔
封面设计　树人教育
制　　版　树人教育
幅面尺寸　185mm×260mm
开　　本　16
字　　数　220 千字
印　　张　10
印　　数　1-1500 册
版　　次　2022 年 11 月第 1 版
印　　次　2023 年 3 月第 1 次印刷

出　　版　吉林科学技术出版社
发　　行　吉林科学技术出版社
地　　址　长春市南关区福祉大路 5788 号出版大厦 A 座
邮　　编　130118
发行部电话 / 传真　0431—81629529　81629530　81629531　81629532　81629533　81629534
储运部电话　0431—86059116
编辑部电话　0431—81629520
印　　刷　三河市嵩川印刷有限公司

书　　号　ISBN 978-7-5578-9902-8
定　　价　60.00 元

前言

风景园林在我国历史悠久，不同地区、不同时代的园林工程，在形象表达、元素组成以及美学特征方面都存在较大差异。在应用构成艺术元素中，设计者不仅要注重对现有的元素和条件进行组合，还要融入当地的文化精神和艺术特点，突出园林工程的地方性特点。同时，通过融入地方性元素，还可以提升当地居民对风景园林的认同感，符合居民的审美意识和思维观念，突出体现工程的社会价值。

风景园林是现代城市绿化体系的关键组成部分，其具有改善城市小气候、净化空气、为人们提供休闲娱乐场所的作用。现代城市居民对生活空间环境更加重视和关注，在应用构成艺术中应用人本性原则，有助于发挥园林工程的娱乐作用、绿化作用以及人文属性，可以提升城市居民的幸福指数，满足现代居民的需求。

现代风景园林的建设规模较大，功能也逐渐趋于多元化，不仅要起到美化城市空间、改善城市气候的作用，还要突出其便民、绿化以及休闲等功能。因此，在应用构成艺术元素中，不能将园林工程拆分为若干部分，要注重突出其整体性，做好建筑、人工景观、自然景观和植物的合理搭配，将各种元素融合为一个整体，突出工程的应用价值和使用价值。

在现代城市发展中，绿色环保成为时代主题，风景园林是城市生态体系的关键组成部分，其在净化城市空间、美化城市环境以及提供休闲娱乐方面具有巨大价值和意义。在开展工程设计中，应用构成艺术可以突出体现工程的艺术性和美观性，融入地域文化、人文情怀以及功能特色，更好地满足现代居民的需求。因此，设计人员要充分考虑风景园林的实际需求，对艺术构成进行合理应用，设计出富有时代特色的工程，推动行业的可持续以及稳定发展。

为了提升本书的学术性与严谨性，在撰写过程中，笔者查阅了大量的文献资料，引用了诸多专家学者的研究成果，因篇幅有限，不能一一列举，在此一并表示最诚挚的感谢。由于时间仓促，加之笔者水平有限，在撰写过程中难免出现不足的地方，希望各位读者不吝赐教，提出宝贵的意见，以便笔者在今后的学习中加以改进。

目录

第一章　风景园林概述

第一节　风景园林的内涵

风景园林学是一门建立在广泛的自然科学和人文艺术科学基础上的应用学科，其核心是协调人与自然之间的关系，其综合性和实践性都非常强，涉及规划设计、园林植物、工程学、环境生态、艺术学、地理学、社会学等多学科的交汇综合。风景园林学科的作用是任何其他学科所不能取代的，它致力于保护和合理利用自然环境资源；创造生态健康、景观优美、反映时代文化和可持续发展的人类生活环境；融汇生物科学、工程技术和艺术美学理论于一体，为协调人与自然之间的关系发挥着其他学科所不能代替的作用，产生着巨大的环境效益、社会效益、经济效益。

一、园林景观概述

我们通常会接触到许多与园林相关的名词，如景观、园林景观、园林、绿地等，如何正确认识、理解这些名词概念及其发展过程是学习风景园林规划设计的基础。

（一）景观

1. 景观的含义

在不同的历史阶段，不同的研究体系及学科对景观有着不同的释义，但无论是何种释义下的景观，都必须具有美的特征。

（1）视觉美学上的释义。在欧洲，“景观”一词最早来源于《圣经》，用来描述耶路撒冷城美丽的风景画，与“风景”同意。

（2）地理学上的释义。地理学上的景观在强调其地域整体性的同时，更强调综合性，认为景观是由气候、地貌、水文、土壤、植被、生物等自然要素以及文化要素组成的地理综合体，这个综合体典型地重复在地表的一定地带内。

（3）景观生态学上的释义。景观生态学上的景观是空间上相邻、功能上相关、发生上有一定特点的生态系统的聚合。这个整体更侧重于人的参与性，更具有生态和人文景观的特质。

综上所述，景观是由相互作用的生态系统镶嵌构成的，并以类似形式重复出现，存在高度空间异质性的区域，其主要特征是可辨识性、空间重复性和异质性。

2. 景观要素

景观是由若干相互作用的生态系统构成的。因此，构成景观的基本的、相对均质的生态系统或单元即景观要素。美国生态学家 Forman 和法国生态学家 Godron 在观察和比较各种不同景观的基础上，认为组成景观的景观要素类型主要有 3 种：斑块 / 缀块 / 嵌块体（patch）、廊道 / 走廊（corridor）和基底 / 本底 / 基质（matrix）。

（二）园林景观

1. 园林景观的含义

人类从茹毛饮血、树栖穴息到捕鱼狩猎、采集聚落开始，直至建立了城市公园、国家公园的今天，经历了数千年的悠悠岁月。在这漫漫的历史长河中，人类写下了来自自然、索取自然、破坏自然、保护自然，最终回归自然的文明史。同时，中国有汉书《淮南子》《山海经》记载了“悬圃”“归墟”，西方《旧约圣经·创世纪》中描写的“伊甸园”，直至今日各国创作的各种公园、花园的世界园林史诗。

园林景观，犹如散落在茫茫大千世界的璀璨星辰，装点着人类的环境。它们有的是鬼斧神工的自然天成，有的是精雕细琢的人为创造，焕发出不同的奇光异彩，成为人类共享的艺术珍品。所谓园林景观，即具有观赏审美价值的景物，这种审美价值包括：艺术审美价值、观赏休闲价值、创作设计价值。荡气回肠的尼亚加拉大瀑布、幽静秀丽的黄山，均为大自然的绝妙之笔，洋溢着美的旋律；神奇诡秘的金字塔、大气磅礴的万里长城，凝聚了人类创造的智慧，焕发着美的光彩。不管是自然天成，还是人为创造，这两种截然不同的园林景观都体现了美的价值，因此才为人们所钟爱神往。

2. 城市与园林景观

园林景观是城市景观效果的重要组成部分。风景优美的城市，不仅要有优美的自然地貌和良好的建筑群体，园林景观的质量也对城市面貌起着决定性的作用。

（1）丰富城市天际线。城市中的大量硬质楼房，形成轮廓挺直的建筑群体，而园林绿化则是柔和的软质景观，这两种景观相互融合、高低错落、刚柔对比，形成了丰富多变的城市天际线。

（2）形成区域景观特征。在城市景观中，针对不同的功能进行分区，如工业区、商业区、交通枢纽、文教区、居住区等，这些区域采取有特色的植物造景，可以形成丰富多彩、各具特色的城市区域景观。

（3）构成城市中心景观。在城市集合点建造的公园等园林绿地，是视线和人流的焦点，这些园林景观都具有明显的特征，加上植物造景，能从功能和景观上起到重要作用，从而构成城市中心景观。

（三）园林与绿地

1. 园林的释义

关于园林的专业名称和译法，古今中外，见仁见智，各抒己见。日本仍称造园，韩国称造景，中国香港叫园境。在中国内地更为多样，建筑学学科称之为景观建筑学或景园建筑学；吴良镛学者称其为环境设计、环境景观设计；孙筱祥称其为环境规划设计。另外，一些海归园林学者如俞孔坚等就此提出了景观学、景观设计学概念。

园林，在中国古籍里根据不同性质也称作园、囿、苑、园亭、庭园、园池、山池、池馆、别业、山庄等;英美两国则称之为 Garden，Park，Landscape Garden。它们的性质、规模虽不完全一样，但都具有一个共同的特点，即：在一定的地段范围内，利用并改造天然山、水、地貌，或者人为地开辟山、水、地貌，结合植物的栽植和建筑的布置，从而构成一个供人们观赏、游憩、居住的环境。创造这种环境的全过程（包括设计和施工在内）一般称之为造园，研究如何去创造这样一个环境的学科就是造园学。

被誉为美国第一位风景园林大师的奥姆斯特德（Frederick Law Olmsted）是建设城市公园和提倡自然保护的创始人。1875 年，奥姆斯特德和他的助手沃克斯（Calvert Vaux）合作，提出了编号为 33 号，叫作“绿草地”的纽约中央公园修建设计方案，并在设计竞赛中赢得头奖。此后，在美国掀起一场“城市公园”建设运动，很多重要的城市公园设计工作都由他主持，如费城的斐蒙公园（Fairmount Park Philadelphia）、布鲁克林的前景公园（Prospect Park Brooklyn）以及 1874~1895 年间在首都华盛顿（Washington）的国会山周围的环境美化工作。奥姆斯特德首次把艺术用于改造和美化自然，他在美国首先提出以“Landscape Architecture”一词代替“Landscape Gardening”。后来，该专业名称被全世界园林界同仁所认可。Landscape Architecture 译成中文为“风景园林”或“园林”。

欧洲园林景观院校理事会（ECLAS）对园林的解释是:“园林既是一种社会职业活动，又是一门学科专业，它包括在城市与乡村、地方与地区范围内从事的景观规划、管理和设计活动。它所关注的是基于当代及后代福祉的景观及相关价值的保护与提升；它所关注的领域包括从国家公园到户外空间的具体设计；它关注具有历史意义的公园与花园研究、保护和重建工作；它参与城市开放空间与废弃土地恢复的管理工作；它通过利用从生态学、环境心理学的技术手段到大地艺术的方法来创造新空间；它致力于景观资源的评价和环境影响研究的前期准备；它参与居民区环境的设计和新建基础设施项目对环境影响的改善。”

2. 园林的基本要素

园林的规模有大有小，内容有简有繁，但都包含着地形地貌、水体水系、园林植物、园林建筑这四大基本要素。

山和水体是园林地形地貌的基础，是园林的骨架，是园林造景的基础。山包括土山、石山和土石相间的山。园林中的山，可以是真山，亦可以是人工塑造的假山。水体因其具有独特的生理作用和观赏价值而成为园林造景的重要元素之一。

自然界的水体水系有溪流、山涧、江河、湖海、池塘、瀑布等多种多样的形式。园林中的水景，实际上多是对自然界水体景观的模拟、提炼和再现。山体和水体水系不仅本身可以成景，如叠石假山、瀑布、喷泉等，还可以用来分隔组织园林空间。天然的山水需要加工、修饰、整理。人工开辟的山水要讲究造型，要解决许多工程问题，才能有效地衬托园林景观。因此，筑山（包括地表起伏的处理）和理水，就逐渐发展成为造园的专门技艺。

植物栽培起源于生产的目的，早先的人工栽植，以提供生活资料的果园、菜畦、药圃为主，后来随着园艺科学的发展，才有了大量供观赏之用的树木和花卉。园林植物包括乔木、灌木、花卉、草坪地被等。现代园林的植物配置，是以观赏树木和花卉为主，也可辅以部分果树和药用植物，把园林与生产结合起来。园林植物的形态（根、茎、叶、花、果实、种子）千变万化、绚丽多彩。不同的植物配置，形成不同的景观，如“柳浪闻莺”“竹深荷净”“梨花伴月”“青枫绿屿”等。植物清新的绿色使环境显示出蓬勃生机，能够缓和刺目的颜色；富于曲线变化的枝叶团簇和树冠，能对建筑和山石生硬的线条进行一定程度的调和作用。花草树木是自然景观的基本组成部分，因此，园林设计者必须深入了解园林植物的各种观赏性状，设计出表现丰富的景观，使园林一年四季都有不同的景致。

园林建筑包括屋宇、建筑小品以及各种工程设施。它们不仅在功能方面必须满足游人的游憩、居住、交通和供应的需要，同时还以其特殊形象的艺术性而成为园林景观必不可或缺的一部分。建筑之有无是区别园林与天然风景的主要标志。

此外动物有时也是园林中的“配角”。“蝉噪林愈静，鸟鸣山更幽”道出了山花野鸟之间的情趣。“鸟语花香、鱼翔浅底、粉蝶纷飞”增添了园林的生机，加强了园林景观的效果。不过动物并非园林中的必需，只有在动物园中才是必不可少的。

因此，园林是一种社会物质财富。把山、水、植物和建筑组合成为有机的整体，从而创造出丰富多彩的园林景观，给予人们赏心悦目的美的享受。

3. 园林与绿地的区别

绿地是城市园林绿化的载体。园林与绿地属于同一范畴，具有共同的基本内容，但又有所区别。

我们现在所称的“园林”是指为了维护和改变自然地貌，改善卫生条件和地区环境条件，在特定的土地范围内，根据一定的自然规律，运用工程技术和艺术手段，应用园林的四大基本要素（包括地形地貌、水体水系、园林植物、园林建筑），通过改造地形或进一步筑山、叠石、理水、种植树木花草、营造建筑及布置园路等途径创作、组合建造的环境优美的空间游憩境域。包括各种公园、花园、动物园、植物园、风景名胜区及森林公园等。广义上可包括街道、广场等公共绿地，但绝不包括森林、苗圃和农田。

绿地的含义比较广泛，凡是种植树木花草形成的绿化地块都可称作绿地。城市绿地是指城市专门用以改善生态，保护环境，为居民提供游憩场地和美化景观的绿化用地。由国外近代和现代有关城市绿地理论与实践可以看出：无论是从霍德华的“田园城市”到英国战后的“绿带法”（Green Belt Act），还是从美国公园系统的理论与实践到德国“大柏林规划竞赛”方案中的“绿地系统”，绿地一直就是一个广义的概念。

绿地的大小相差悬殊，小的如宅旁绿地，大的如风景名胜区。绿地的设施质量高低相差也很大，精致的如古典园林，粗放的如卫生防护林带等。绿地可以具有多种多样的目的和功能。不但市区和郊区各种公园、花园、森林公园属于绿地，街道和滨河的种植地带、防风防尘绿带、卫生防护林带、墓园等也属于绿地。还有工矿企业、机关、学校、部队等单位的绿地，可称作环境绿地，郊区的苗圃、果园、茶园等也是特殊用途的生产绿地。

就所指对象的范围来看，“绿地”比“园林”广泛。“园林”必可供游憩，必是绿地；然而“绿地”不一定均称“园林”，也不一定均供游憩。所以，“园林”是绿地中设施质量与艺术标准较高，环境优美，可供游憩的部分。城市园林绿地既包括了环境和质量要求较高的园林，又包括了居住区、工业企业、机关、学校、街道广场等普通绿化的用地。

4. 园林绿地的范围

园林的范围在各个历史时期有着不同的划分。

古代园林，绝大部分都属于统治阶级所私有：主要类型为帝王的宫苑，贵族、官僚、地主和富商在城市里修建的宅院和郊外修建的别墅，寺院所属的园林和官署所属的园林等，公共游览性质的园林为数极少。19 世纪以后，在一些资本主义国家，大工业的发展导致城市人口过度集中、城市建筑密度增大。资产阶级为避开城市的喧嚣，而纷纷在郊野地带修建别墅；为了满足一般城市居民户外活动的需要，在大规模建造集团式住宅的同时，辟出专门地段来建造适应于群众性游憩和活动的公园、街心公园、林荫道等公共性质的园林。从而构成了这一时期园林建设的主要内容。

从 20 世纪 60 年代开始，在工业高度发达的国家，由于人民生活水平不断提高，对游憩环境的需要与日俱增。旅游观光事业以空前的规模蓬勃地发展起来，对园林建设也相应地提出了新的要求。现代园林的概念，不仅仅局限在一定范围内的宅院、别墅、公园等，其内容已大大扩展，几乎人们活动的绝大部分场所，都与园林有关。今天，大到上万公顷的风景区，小至可置于股掌之间，仅可供观赏的插花、盆景等，都因其创作素材和经营手法的相同而可归于园林范畴。

凡城市的居住区、商业区、中心区、文教区以及公共建筑和广场等，都加以园林绿化；郊野的风景名胜区、文物古迹，也都结合园林建设来经营。园林不仅作为游赏的场所，还可用来改善城镇小气候条件，调整局部地区的气温、湿度、气流，并以它来保护环境、净化城市空气、减低城市噪声、控制水质和土壤的污染。园林还可以结合生产，如栽培果木、药材和养殖水生动植物等，从而创造物质财富。总之，现代园林比以往任何时代，范围更大，内容更丰富，设施更复杂。

5. 城市园林绿地的类型

（1）城市园林绿地的分类要明确的问题。

①以绿地的功能为主要的分类依据。目前国内外的分类方法各不相同，有按所处位置分类的，有按功能用途分类的，有按面积规模分类的，有按服务范围分类的。根据我国各城市实际情况，按功能分类比较符合实际，有利于绿地的详细规划与设计工作，也便于反映各城市的园林绿化特点。

②绿地分类要与城市规划用地平衡的计算口径一致。在城市总体规划中，有的绿地要参与城市用地平衡，而有的则属于某项用地范围之内，在城市总体规划的用地平衡计算中不另行计算面积。分类时考虑这个原则，可以避免城市用地平衡计算上的重复。

③绿地分类要力求反映不同类型城市绿地的特点。绿地的分类方法及计算应能正确地、全面地反映出各类城市的特点、绿化水平、发展趋势，以便为今后制定绿地规划的任务、方向提供依据。

④绿地分类应尽量考虑与世界其他国家的可比性。绿地的分类及绿地定额指标的计算，应能够同其他国家进行比较。

⑤各类绿地的名称及分类应尽量考虑到我国的实际情况和习惯称呼。

⑥在分类时要考虑绿地的统计范围、投资来源及管理体制。城市园林绿地是指城市总体规划中确定的绿地，属园林部门管辖范围。城市中属农林用地的果、林和文物宗教部门管理的文物古迹等均不应包括在内，这样有利于各专业部门的经营管理。

（2）城市园林绿地的类型。

2002 年，住房和城乡建设部颁布实施了新的《城市绿地分类标准》（CJJ/T 85—2002），将城市绿地分为大类、中类、小类三个层次，共 5 大类、13 中类、11 小类。其中的五大类如下。

①公园绿地。向公众开放，以游憩为主要功能，兼具生态、美化、防灾等作用的绿地。包括：各类公园、动物园、植物园、风景名胜公园、带状公园、游乐公园、其他专类公园（包括雕塑园、盆景园、体育公园、纪念性公园等）。

②生产绿地。为城市绿化提供苗木、花草种子的苗圃、花圃、草圃等圃地。

③防护绿地。城市中具有卫生、隔离和安全防护功能的绿地。包括卫生隔离带、道路防护绿地、城市高压走廊绿带、防风林、城市组团隔离带等。

④附属绿地。城市建设用地中绿地之外各类用地中的附属绿化用地。包括居住用地、公共设施用地、工业用地、仓储用地、对外交通用地、道路广场用地、市政设施用地和特殊用地中的绿地。

附属绿地的分类基本上与国家现行标准《城市用地分类与规划建设用地标准》中建设用地分类的大类相对应。

⑤其他绿地。对城市生态环境质量、居民休闲生活、城市景观和生物多样性保护有直接影响的绿地。包括风景名胜区、水源保护区、郊野公园、森林公园、自然保护区、风景林地、城市绿化隔离带、野生动植物园、湿地、垃圾填埋场恢复绿地等，也是指位于城市建设用地以外生态、景观、旅游和娱乐条件较好或亟需改善的区域，一般是植被覆盖较好、山水地貌较好或应当改造好的区域。

除公园绿地、生产绿地和防护绿地外，附属绿地和其他绿地不参与城市建设用地平衡。

6. 园林绿地的功能

（1）生态防护功能。主要有：①净化空气。园林植物能吸滞烟灰、粉尘和有害气体，释放大量氧气，净化空气。②调节气候。园林绿地具有吸热、遮阴、增加空气湿度、降低气温等作用，有助于形成良好的小气候。③杀灭细菌。园林植物的蒙尘和杀菌作用可以大量减少空气中含菌量，从而保护人们减少患病的机会。④减弱噪声。茂密的树林和宽广的绿带，能够吸引和隔挡噪声，使环境变得较为宁静。⑤防风、防火、防震、防止水土流失。

（2）美化功能。园林绿地，不仅改善了城市生态环境，还可以通过千姿百态的城市植物和其他园艺手段，布置和美化环境，从而满足人们精神境界的追求，为人们提供优美的生活环境和休息、欣赏、游览、娱乐的场所，使人们远离自然而得到自然之趣，调节人们的精神生活，美化情操，陶冶性情，使人们获得高尚的、美的精神享受。

（3）生理功能。处在优美的绿色环境中的人们，脉搏次数下降，呼吸平缓，皮肤温度降低。绿色是眼睛的保护色，使疲劳的眼睛容易恢复。当绿色在人的视野中占25% 时，可使人的精神和心理最舒适，产生良好的生理效应。

（4）心灵功能。优美的绿色环境可以调节人们的精神状态，陶冶情操。优美清新、整洁、宁静、充满生机的园林绿化空间，使人们精力充沛、感情丰富、心灵纯洁、充满希望，从而激励人们为幸福去探索、去追求、去奋斗，更激发了人们爱家乡、爱祖国的热情。

（5）欣赏功能。随着人们生活水平的不断提高，园林绿地可以满足人们的爱美、求知、求新、求乐的愿望。

（6）教育功能。广大的园林和风景名胜区，含有优美的自然山水、园林景观和众多的名胜古迹，它体现着祖国的壮丽风貌和我国古代物质文明、精神文明的民族特征，是具有艺术魅力的活的实物教材，这种园林艺术形式的宣传作用、感染力特别强烈，除了能使人们获得美的享受外，更开阔眼界、增长知识才干、有益于磨炼人们的意志和加强道德观念，也是社会主义精神文明的重要组成部分。

（7）服务功能。服务功能是园林绿地的本质属性。为社会提供优良的生态环境，为人们提供美好的生活环境和游览、休息、文化活动的场所，始终是园林绿化事业的根本任务。

（8）生产功能。园林绿地除具有以上各种功能外，它的根、茎、叶、花、果实、皮、树液等都具有经济价值或药用、食用等价值。有的是良好的用材，有的是美味的蔬果食物，有的是药材、油料、香料、饮料、肥料和淀粉、纤维的原料。总之，园林绿化创造物质财富，也是它的固有属性。综上所述，园林绿地的功能是多方面的，其生态效益及其他综合功能，是城市其他组成部分所不能提供的，具有不可替代性。

具有自净能力及自动调节能力的城市园林绿地，被称为“城市之肺”。它是构成城市生态系统中唯一执行自然“纳污吐新”负反馈机制的子系统；是优化环境、保证系统稳定性的必要组成；是城市生物多样性保护的重要基地；是实现城市可持续发展的一项重要基础设施。

城市园林景观绿地作为城市生态系统的主要生命保障系统，在保护和恢复绿色环境、维持城市生态平衡和改善提高城市生态环境质量方面起着其他基础设施所无法代替的重要作用。因此，以城市生态为核心，提高城市园林景观绿地系统的生态功能，建立完善的城市生态园林绿地系统是现代化城市发展的战略方向，也是城市发展达到良性循环的必然趋势。许多国家已将其作为城市现代化水平和文明程度的一个衡量标准和制定城市可持续发展战略的一个重要内容。

7. 城市园林绿化建设工作的任务和指导思想

（1）城市园林绿化工作的任务。绿化一词，源出于俄文 O3e eHeHHe，是泛指除天然植被以外的，为改善环境而进行的树木花草的栽植。就广义而言，绿化可以归入园林的范畴。

城市园林绿化工作是社会主义现代化建设的一项重要内容。它既关系到物质文明的建设，也关系到精神文明的建设。城市绿化是城市发展建设的重要组成部分，是营造生态城市、建设绿地系统的重要手段，是城市生态环境建设的核心内容，它创造和维护适合人民生产劳动和生活休息的环境质量。国外许多国家把城市绿化作为保护环境和净化大气的一项重要措施。

（2）城市园林绿化建设的指导思想。随着科学的发展，多种学科的相互渗透、验测手段的进步，促进了人们对于园林植物生理功能和对人的心理功能作用等认识的提高。因此，人们对园林绿化多方面功能的认识更加全面，人们从过多强调其观赏、游憩等作用的观点，提高到保护环境、防治污染、恢复生态良性循环、保障人体健康的观点。从而，使城市园林绿化的指导思想产生了一个新的飞跃。当今，在园林绿化建设指导思想上有多种主张，主要有：

①追求“原野游憩”，使人类更高程度地利用大自然。

②主张“自然进展”的园林。

③主张“拟自然园林”。

④主张以“景观生态学（Landscape Ecology）”理论来研究整个景观，提出建设“风景园林”。

⑤主张“大环境绿化”。

⑥建立“城市森林与城市林业”的理论。

⑦建设“生态园林”。

二、园林学

（一）园林学的定义

“园林学是研究如何合理运用自然因素（特别是生态因素）、社会因素来创造优美的、生态平衡的人类生活境域的学科。”（引自《中国大百科全书·建筑园林·城市规划》）。园林学尚能表明学科的历史由来和发展，顺应中国人的思维和认识习惯，此称谓也已被许多国际同行所认同。

（二）园林学的范围

园林学的研究范围是随着社会生活和科学技术的发展而不断扩大的，园林学是不断发展、不断延伸拓展的学科。

目前就国际范围而论，风景园林学科专业的发展以美国为先导，欧、日包括我国的台湾，其风景园林学科专业的设置也多与美国相近似，其工程实践的范围也基本相同。园林学当前的研究范围，包括传统园林学、城市绿化学科和大地景观规划三个层次。这种从微观到中观再到宏观循序渐进的规划设计层次使园林学科的系统更为完善，更具开放性与综合性。

传统园林学主要包括园林史、园林艺术、园林植物、园林规划设计、园林工程、园林建筑等分支学科，园林设计是根据园林的功能要求、景观要求和经济技术条件，运用上述各分支学科的研究成果，来创造各种园林的艺术形式和艺术形象。

城市绿化学科是研究绿化在城市建设中的作用，确定城市绿地定额指标、城市绿地系统的规划和公园、街道绿地以及其他绿地的设计等。

大地景观规划是发展中的课题，其任务是把大地的自然景观和人文景观当作资源来看待，从生态效益、社会效益和审美效益等三个方面进行评价和规划。在开发时最大限度地保存自然景观，最合理地使用土地。规划步骤包括自然资源和景观资源的调查、分析和评价；保护或开发原则和政策的制定以及规划方案的制定等。大地景观的单体规划内容有风景名胜区规划、国家公园规划、休养胜地规划和自然保护区游览部分的规划等，这些工作也要应用传统园林学的基础知识。

园林学的发展，一方面引入各种新技术、新材料、新的艺术理论和表现方法用于园林的营建，如利用遥感技术及计算机技术解决设计、植物材料、生态条件、优化组合等方面的问题，这将十分有利于本学科的发展；另一方面要进一步研究自然环境各个因素和社会因素的相互关系，引入心理学、社会学和行为科学的理论，深入地探索人们对园林的需求及其解决的途径。尤其是使园林概念内涵进一步延伸和拓展，使与园林含义相同或相近的各类新名词不断产生。

三、风景园林学

（一）风景园林学一级学科的确立

2011 年，在园林专家学者和先辈们的多年长期不懈努力下，教育部根据国际的成功经验和中国的实际情况，在调整国家学科和专业目录时，确立了风景园林一级学科的地位，用“风景园林”统一规范了相关专业，把“风景园林学”（Landscape Architecture）作为工学门类中的一级学科（学科编号为 0834，可授工学、农学学位），使几代园林人的奋斗终于修成正果。2012 年，国家对于风景园林学科和本科专业目录进行了进一步的规范和调整，在本科专业目录中，把具有工科性质的、诸多混乱而无序的学科名称如:“景观”、“景观建筑”、“景观设计”、“景观学”、“风景园林”、“园林”等统一规范并定名为风景园林（Landscape Architecture），规定授予工学学位；具有农林性质的原名称为“园林”的专业，名称不变，规定授予农学学位。

（二）风景园林学的任务与内容

国务院学位委员会、教育部对学科门类和一级学科目录进行修订确立的风景园林一级学科包括了 6 个主要研究方向：风景园林历史与理论、风景园林与景观遗产保护、大地景观规划与生态恢复、园林与景观设计、园林植物应用、风景园林工程与技术。

综合以上来看，在统一的风景园林一级学科的统筹下，参考国家的二级学科研究方向，可将风景园林二级学科规划为如下 6 个方向。

1. 风景园林规划与设计

这是兼具艺术和科学的二级学科，是风景园林一级学科主要培养方向之一，界限较为明确，且已具有成熟的人才培养方案。该二级学科主要解决风景园林如何直接为人类提供美好的户外空间环境的基本问题，重点在人居环境的景观营造。由于实践内容与日常人居环境息息相关，学科专业应用面广且量大，得到社会认可，有很好的社会需求。

2. 大地景观规划与生态修复

该二级学科主要解决风景园林学科如何保护地球表层生态环境的基本问题。

3. 风景园林历史理论与遗产保护

该二级学科主要解决风景园林学学科的认识、目标、价值观、审美等方向路线问题，同时还应加强对自然资源、文化景观及文化遗产的保护与利用的研究和人才培养的力度。

4. 风景园林植物应用

作为风景园林最重要的材料，该二级学科要解决植物如何为风景园林服务的基本问题。植物是风景园林景观构成的基础，没有植物就没有当今的风景园林。在风景园林学科建设中，园林植物不仅是植物的配置、植物规划、设计或植物应用，而且包括树木栽培、管理、繁殖、病虫害防治、生态等。

5. 风景园林建筑设计

园林中的建筑以中小型立体景观建筑为主体，在保证功能的前提下，将建筑形式、外貌、风格、文化与风景园林的景观营建有机结合，形成具有中国风景园林特色的建筑人才培养体系。因此，此二级学科除了要跟踪世界上建筑艺术和科技的新潮流，更要加强建筑学理论与技术的培养，加强对中国传统园林建筑、不同地方特色的民居建筑等的知识的研究，勇于创建自己的潮流，最终做到引领世界潮流。

6. 风景园林工程与技术

该二级学科要解决风景园林建设的工程原理、工程设计、施工和养护管理技术等基本问题，是目前学生就业的主要领域，但基础资源和优势不强。其作为风景园林遗产保护、规划设计、生态修复、建设、养护实现的手段，是风景园林学科专业走向实践、落实在行业中的基本保证，该学科的龙头引领作用必将与日俱增。

四、风景园林规划设计

（一）风景园林规划设计的含义

风景园林规划设计就是园林绿地在建设之前的筹划谋划，是实现风景园林美好理想的创造过程，它受到经济条件的影响和艺术法则的指导。

风景园林规划设计包含风景园林规划和风景园林设计两个含义。

1. 风景园林规划

首先，从宏观上讲，风景园林规划是指对未来风景园林发展方向的设想安排。主要任务是综合确定安排风景园林建设项目的性质、规模、发展方向、主要内容、基础设施、空间综合布局、建设分期和投资估算的活动。这种规划是由各级园林行政部门制定的。由于这种规划是若干年以后风景园林发展的设想，因此需制定出长期规划、中期规划和近期规划，用以指导风景园林的建设，这种规划也叫发展规划。

其次，另一种风景园林规划是指对一个风景园林（包括已建和拟建的风景园林）所占用的土地进行安排和对风景园林要素即山水、植物、建筑等进行合理的布局与组合。如一个城市的风景园林规划，要结合城市的总体规划，确定出风景园林的比例、分布等；要建一个公园，也要进行规划，如景区的类别划分、位置布置、面积以及投资和完成的时间等。这种规划是从时间、空间方面对风景园林进行安排，使之符合生态、社会和经济的要求，同时又能保证风景园林各要素之间取得有机联系，以满足园林艺术要求。这种规划是由园林规划设计部门完成的。

2. 风景园林设计

通过规划虽然在时空关系上对风景园林建设进行了安排，但是这种安排还不能给人们提供一个优美的园林环境。为此，要求进一步进行风景园林设计。“设”者，陈设，设置，筹划之意；“计”者，计谋，策略之意。所以，风景园林设计就是为了满足一定目的和用途，在规划的原则下，围绕园林地形，利用植物、山水、建筑、道路广场等园林要素创造出有独立风格、有生机、有力度、有内涵的园林环境，或者说风景园林设计就是具体实现规划中某一工程的实施方案，是具体而细致的施工计划。

由于风景园林具有地形地貌、水体水系、园林植物、园林建筑四大基本要素，为此风景园林设计就是在一定的地域范围内，运用园林艺术和工程技术手段，通过改造地形或进一步筑山、叠石、理水，种植树木、花草，营造建筑和布置园路等途径创作而建成的美的自然环境和生活、游憩境域的过程。

风景园林规划设计的最终成果包括风景园林规划设计图（总体规划设计图、详细规划设计图、施工规划设计图）和设计方案说明书。

（二）风景园林规划设计要注意的问题

风景园林规划设计不同于林业规划设计，因为它不仅要考虑经济、技术和生态问题，还要在艺术上考虑“美”的问题，要把自然美融于生态美之中；同时还要借助建筑美、绘画美、文学美和人文美来增强自身的表现能力；风景园林规划设计也不同于单纯地绘制平面图和立面图，更不同于绘画，因为风景园林规划设计是一种立体室外空间艺术造型，是以园林地形、建筑、山水、植物为材料的一种空间艺术创作。园林绿地的性质和功能决定了风景园林规划设计的特殊性，为此，风景园林规划设计要求注意以下几个方面的问题。

1. 在规划之前，先确定主题思想

园林绿地的主题思想，是风景园林规划设计的关键，根据不同的主题，可以设计出不同特色的园林景观。例如，某一公园以“松竹梅”为主题，设计为老年宫小院。在配置植物时，院外环绕草坪，草坪上种植常绿松树，并设“鹤舞”雕塑象征老年人常乐、长寿。而另一公园以“春花烂漫”为主题，则在广场中央设置喷泉、花坛及“迎新春”的雕塑。两个主题，两种景色。因此，在风景园林规划设计前，设计者必须巧运匠心，仔细推敲，确定园林绿地的主题思想。这就要求设计者有一个明确的创作意图和动机，也就是先立意。意是通过主题思想来表现的，意在笔先的道理就在于此。另外，园林绿地的主题思想必须同园林绿地的功能相统一。

2. 运用生态学原则指导风景园林规划设计

随着工业的发展，城市交通的繁忙，城市人口的增加，城市生态环境受到严重的破坏，直接影响了城市居民的生存条件，保持城市生态平衡已刻不容缓。为此，要运用生态学的观点和途径进行风景园林规划布局，使园林绿地在生态上合理，构图上符合要求。城市园林绿地建设，应以植物造景为主，在生态原则和植物群落原则的指导下，注意选择色彩、形态、风韵、季相变化等方面有特色的植物进行绿化，使城市园林绿地景观与改善和维护城市生态环境融于一体，或以园林景观反映生态主题，使城市园林既能发挥生态效益，又能表现出城市园林的景观作用。

3. 园林绿地应有自己的风格

在风景园林规划设计中，如果根据自己的想法随意进行，或照抄、照搬别处景物，盲目拼凑，就必然导致园林形式不古不今，不中不外，没有风格，以致缺乏吸引游人的魅力。《园林谈丛》一书中说：“古典折子戏，亦复喜看，每个演员演来不同，就是各有独到之处。”这个独到之处就是演员演出了自己的风格。园林也是一样，每一个园林绿地，都要有自己的独到之处，有鲜明的创作特色和个性，这就是园林风格。

园林风格是多种多样的，主要表现在民族风格、地方风格、时代风格、个人风格等方面。

园林民族风格的形成受到历史条件和社会意识形态的影响。古代西方园林和东方园林就体现了不同的民族风格，西方园林以一览无余的规则式为主要形式，而以中国为代表的东方园林则以自然式的山水为主要形式。

园林地方风格的形成，即在统一的民族风格下也受自然条件和社会条件的影响。长期以来，中国北方古典园林多为皇家园林，南方多为私家园林，加上气候条件、植物条件、风土民俗以及文化传统的不同，我国园林风格北雄南秀，各不相同。

园林的时代风格形成，也受到时代变迁的影响。当今世界，科学技术迅猛发展，世界各国的交流日益频繁，随着新技术的发展，一些新材料、新技术、新工艺、新手法必然在园林中得到广泛的应用，从而改变了园林的原有形式，增强了时代感。如采用了计算机技术控制的色彩音乐喷泉，与时代节奏合拍，体现了时代的特征。

园林风格的形成除受到民族、地方特征和时代的影响外，还受到园林设计者个性的影响。如清初画家李渔民所造的石山以“瘦、漏、透”为佳；而唐代白居易却善于组织大自然中的风景于园林之中。这些园林的风格，也分别反映出园林的个性。所谓园林的个性就是个别化的特性，是对园林要素如地形、山水、建筑、花木、时空等在具体园林中的特殊组合，从而呈现出不同园林绿地的特色，防止了千园一面的雷同现象。

中国园林的风格主要体现在园林意境的创作、园林材料的选择和园林艺术的造型上。园林的主题不同，时代不同，选用的材料不同，园林风格也不相同。

（三）风景园林规划设计的性质及任务

1. 风景园林规划设计的性质

风景园林规划设计是一门集工程、艺术、技术于一体的课程。这门学科所涉及的知识面较广，它包括文学、艺术、生物、生态、工程、建筑等诸多领域，同时，又要求综合各学科的知识统一于园林艺术之中。所以，风景园林规划设计是一门研究如何应用艺术和技术手段处理自然、建筑和人类活动之间复杂关系，达到和谐完美、生态良好、景色如画之境界的一门学科。它要求学生既要有科学设计的精神，又要有艺术创新的想象力，还要有精湛的技艺。

随着社会的发展，新技术的崛起和进步，风景园林规划设计也必然要适应新时代的需要，对学科的未来发展指明方向。

生态学是研究人类、生物与环境之间复杂关系的科学。20 世纪 70 年代后，生态平衡的理论得到迅速发展。生态平衡是自然科学问题，同时也是经济问题以及社会问题。以生态学的原理与实践为依据，将是风景园林规划设计的发展趋势。

现代城市对园林绿化的要求已不仅是美化景观、增加游憩场所的传统问题，而是解决城市生态环境问题。人类起源于自然，是自然的组成部分。从人类社会生活的发展中，人与自然的关系是“依赖自然—利用自然—破坏自然—保护自然—人工模仿自然”的一个认识和实践过程。只有运用生态的途径进行风景园林规划设计，才能创造舒适的人类的生存环境，给人类以美的享受。

上述园林发展趋势表明，风景园林规划设计不仅要求设计者要具备文学、艺术、建筑、生物、工程等方面的知识，还必须掌握生态学的相关领域知识，以便能创作出具有艺术价值、最佳环境效益、理想社会效益和经济效益的园林作品。

2. 风景园林规划设计的任务

风景园林规划设计的任务就是要运用地形地貌、园林植物、水体水系、园林建筑等园林物质要素，以一定的自然、经济、工程技术和艺术规律为指导，充分发挥其综合功能，因地制宜地规划和设计各类园林绿地。

（四）风景园林规划设计的作用和对象

1. 风景园林规划设计的作用

城市环境质量的好坏，在很大程度上取决于园林绿化，而园林绿化的质量又取决于对城市园林绿地进行科学的布局。风景园林规划设计就是对城市园林绿地进行科学布局的一门技术。

通过风景园林规划设计，可以使园林绿地在整个城市中占有一定的位置，在各类建筑中占有一定的比例，从而保证城市园林绿地的发展和巩固，为城市居民创造一个良好的工作、学习和生活环境。同时，风景园林规划设计也是上级批准园林绿地建设费用依据、园林绿地施工的依据以及对园林绿地建设检查验收的依据。所以没有对园林绿地进行规划设计，就不能施工。

2. 风景园林规划设计的对象

当前，我国正处在快速发展时期，城市在迅速扩张，人们迫切需要生态、经济及社会功能于一体的城市绿地。风景园林规划设计的对象主要是各类城市园林绿地，具体指以下五类绿地。

（1）公园绿地的规划设计。指向公众开放，以游憩为主要功能，兼具生态、美化、防灾等作用的绿地的规划设计。包括各类公园、动物园、植物园、风景名胜公园、带状公园、游乐公园、其他专类公园（包括雕塑园、盆景园、体育公园、纪念性公园等）的规划设计。

（2）生产绿地的规划设计。指为城市绿化提供苗木、花草种子的苗圃、花圃、草圃等圃地的规划设计。

（3）防护绿地的规划设计。指城市中具有卫生、隔离和安全防护功能的绿地的规划设计。包括卫生隔离带、道路防护绿地、城市高压走廊绿带、防风林、城市组团隔离带等绿地的规划设计。

（4）附属绿地的规划设计。指城市建设用地中绿地之外各类用地中的附属绿化用地的规划设计。包括居住用地、公共设施用地工业用地、仓储用地、对外交通用地、道路广场用地、市政设施用地和特殊用地中的绿地的规划设计。

（5）其他绿地的规划设计。指对城市生态环境质量、居民休闲生活、城市景观和生物多样性保护有直接影响的绿地的规划设计。包括风景名胜区、水源保护区、郊野公园、森林公园、自然保护区、风景林地、城市绿化隔离带、野生动植物园、湿地、垃圾填埋场恢复绿地等的规划设计。

（五）风景园林规划设计的指导思想

①要做好风景园林规划设计，必须具备为人民服务的思想。

②必须贯彻适用、经济和美观相结合的规划设计原则。

③继承与创新也是风景园林规划设计的重要指导思想。

④用生态学的观点去进行风景园林建设。

⑤要做到科学性与艺术性的统一。

（六）风景园林规划设计与施工养护管理关系

园林景观绿地的规划就是布局，起战略性的作用，布局合理与否，影响全局，规划一旦落实到地面，就难以改变。因而，在做规划时必须慎重，反复推敲。设计是一个战术问题，是作局部细则，个别地方设计得不好，虽已落实到地面，尚可推倒重来，不会影响全局，通过修改，使设计趋于完善。

施工是实践设计意图的开端，但是由于构成园林的各种素材，如地形、地貌、山石、植被等，它们不像建筑中的一砖一瓦那样规格一致，假山石和植物有大小之分，形态各异，无一类同，在设计中很难详尽表述，必须通过施工人员创造性地去完成。

养护管理是实践设计意图的完成。由于施工是在短时间内完成的，必然会出现许多不足之处，需要通过精心地养护管理，绿地的艺术效果才能逐渐充实和完善。再者植物是有生命的，它随岁月之增长而消长，也只有通过养护管理，才能使它根深叶茂，延年益寿。一个好的园林是需要几年、十几年甚至几十年的时间，才能使园林艺术达到尽善尽美的境地。由此可知，施工可以弥补设计中的不足，管理也可以充实施工中的疏漏，即施工与养护管理是规划设计的继续，非如此，不足以提高园林艺术水平。

（七）风景园林规划设计课程的内容

风景园林规划设计课程的内容包括：园林发展史，园林艺术基本原理，园林植物的功能和分类，风景园林规划设计原理、布局、方法和技巧，风景园林规划设计程序，风景园林规划设计图纸及方案设计说明书的编制等；还包括城市绿地系统规划，园林植物的种植规划设计，各类绿地（公园绿地、生产绿地、防护绿地、附属绿地、风景名胜区等其他绿地）的规划设计等内容。

（八）风景园林规划设计课程的学习方法

学习园林艺术理论和风景园林规划设计的创作方法：

（1）首先，要总结我国古代园林景观设计优秀传统，汲取世界各国风景园林规划设计之精华，做到“古为今用，洋为中用”，继承与发展相结合，提高园林创作水平，为人类服务。

（2）风景园林规划设计课程是一门实践性很强的课程，必须做到理论与实践相结合，理论指导实践，成功的实践积累将反过来促进园林艺术理论的进一步发展。

（3）风景园林规划设计是一门综合性极强的学科，必须以其他专业课程为基础，因此，要注意对其相关课程的学习。例如，园林绘画、园林制图、园林植物、园林测量等。对园林相关知识的运用显得非常重要，能提高风景园林规划设计课程的学习效率和学习效果。

（4）掌握和理解风景园林规划设计的原则、方法及要求是学好风景园林规划设计课的关键。从不同角度、不同方面贯穿风景园林规划设计的原则、方法和要求，在学习时要很好地把握，这样才能领会所有内容。

（5）提高艺术观、审美观，并借鉴相关艺术的成就，扩大视野，做到“举一反三”、“触类旁通”。

（6）学习风景园林规划设计课程要做到“四勤”：勤动脑、勤动口、勤动手、勤动腿；做到“左图右画，开卷有益，模山范水，集思广益，勇于实践，敢于创新”。

（7）学好风景园林规划设计课程除了会扎实的手工制图以外，还应该具备熟练运用计算机辅助制图能力，这样才能更全面地表达设计人员的构思。

第二节　风景园林发展趋势及时代特征

一、风景园林的特征

随着科学技术的迅猛发展，文化艺术的不断进步，国际交流及旅游的日益方便、频繁，人们的审美观念也将发生很大变化，审美需求也将更强烈、更高级。纵观世界园林绿化的发展，现代园林出现了如下特征：

（1）各国既保持自己优秀传统的园林艺术、特色，又互相借鉴、融合他国之长及新创造。

（2）把过去孤立的、内向的园林转变为开敞的、外向的整个城市环境。从城市中的花园转变为花园城市，就是现代园林的特点之一。

（3）园林中建筑密度有所减少，以植物为主组织的景观取代了以建筑为主的景观。

（4）丘陵起伏的地形和建立草坪，代替大面积的挖湖堆山，减少土方工程和增加了环境容量。

（5）增加生产内容，养鱼、种藕以及栽种药用和芳香植物等。

（6）强调功能性、科学性与艺术性结合，用生态学的观点去进行植物配置。

（7）新技术、新材料、新的园林机械在园林中应用越来越广泛。

（8）体现时代精神的雕塑，在园林中的应用日益增多。

二、风景园林发展趋势

（1）建设生态园林。21 世纪是人类与环境共生的世纪，城市园林绿化发展的核心问题即是生态问题。城市园林绿化的新趋势——以植物造景为主体，把园林绿化作为完善城市生态系统，促进良性循环、维护城市生态平衡的重要措施，建设生态园林的理论与实践正在兴起，这是世界园林的大势所趋。随着生态农业、生态林业、生态城市等概念的提出，生态园林已成为我国园林界共同关注的焦点。

（2）建设低碳园林。“哥本哈根气候大会”之后，低碳的理念成为全球的共识，得到广泛认同，低碳园林也逐渐成为园林景观的主流趋势。所谓“低碳生活（Low—carbon Life）”，就是指生活作息时所耗用的能量要尽量减少，从而减少二氧化碳的排放量。低碳生活代表着更健康、更自然、更安全，同时也是一种低成本、低代价的生活方式。而“低碳园林”的精确定义还不完善，一般是指充分利用自然资源，选用乡土树种，植物配置尊重生态规律，地形改造因地制宜，建筑材料与其他园林素材选择以绿色节能为主，以减少化石能源的使用，提高能效，降低二氧化碳排放量为目标，使人、城市和自然形成一个相互依存、相互影响的良好生态系统，达到可持续发展的“天人合一”的理想境界。

（3）综合运用各种新技术、新材料、新艺术手段，对园林进行科学规划、科学施工，将创造出丰富多样的新型园林。既有固定的，又有活动的；既有地上的，又有空中的；既有写实的，又有幻想的。

（4）园林绿化的生态效益与社会效益、经济效益的相互结合、相互作用将更为紧密，向更高程度发展。

（5）园林绿化的科学研究与理论建设，将综合生态学、美学、建筑学、心理学、社会学、行为科学、电子学等多种学科而有新的突破与发展。

自 20 世纪 90 年代以来，在可持续发展理论的影响下，当今国际性大都市无不重视开展城市生态绿地建设，以促进城市与自然的和谐发展。由此形成了 21 世纪的城市园林绿地的三大发展趋势：城市园林绿地系统要素趋于多元化；城市园林绿地结构趋向网络化；城市园林绿地系统功能趋于生态合理化。

第三节　国内外园林发展概况及特点

一、中国园林发展概况及特点

（一）中国古代园林

中国园林起源于何时，已难考证。从有关记载与汉字可知，中国园林的出现与狩猎、观天象、种植有关。从生产发展看，随着农业的出现，产生了种植园、圃；由人群围猎的原始生产，到选择山林圈定狩猎范围，产生了粗放的自然山林苑囿；为观天象、了解气候变化，而堆土筑台，产生了以台为主体的台囿或台苑。从文化技术发展看，园林比文字产生早，与建筑同时产生。

1. 商周的“囿”

我国有文字记载的历史号称5000年。我国园林的兴建，是从奴隶经济相当发达的殷商时代开始的，最早的园林历史记载见于3600年前商周时期；最初的形式为“囿”——猎园，距今已有三千多年的历史了。

（1）商朝的“囿”。囿是一定地域加以范围，让天然的草木和鸟兽滋生繁育，并在其中挖池筑台，供帝王贵族们狩猎和游乐。除部分人工建造外，大片的还是朴素的天然景象。狩猎在当时已不是社会生产的主要劳动，而是成为贵族们享受的游乐活动，因此说囿是园林的雏形。

在古代，当生产力发展到一定的历史阶段时，一个脱离生产劳动的特殊阶层出现以后，经济基础以及技术、材料达到一定的水平，上层建筑的社会意识形态与文化艺术等开始达到比较发达的阶段，这时才有可能兴建和从事于以游乐休憩为主的园林建筑。

商朝的囿，多是借助于天然景色，让自然环境中的草木鸟兽及猎取来的各种动物滋生繁育，加以人工挖池筑台，掘沼养鱼。范围宽广，工程浩大，一般都是方圆几十里，或上百里，仅供贵族们在其中进行游憩、礼仪等活动，已成为贵族们娱乐和欣赏的一种精神享受。

在囿的娱乐活动中不只是供狩猎，同时也是欣赏自然界动物活动的一种审美场所。

（2）周朝的“囿”

周朝的《诗经》中不少篇幅描绘了山川植物的美丽，并有了园林的概念—栽培农林作物的场所。由此可见，中国园林的起步离不开“园囿”“猎园”两者的推动，后者更受以游乐为目的的贵族阶层重视，故现园林界多以囿为中国园林之根。“囿”字的古体仿佛是用弓箭（或乂）在围栏内猎取肉食；“美”字曾被人解释为“羊”和“大”字的重合而产生的。

贵族们对本不需自己动手的狩猎活动却如此热衷地参与，表明他们已经在这个过程中得到了美的享受，尽管他们并不知道正是这种初级的审美活动创造了博大的中国园林体系。

台榭为中国园林很早的形式，甲骨文中“榭”意为靠山之房，字中间弓箭表示可供人习武，后演变成今天的式样。“台”更是当时园林的主要形式，供人登高眺望。当时有“灵台”用以观天象，有“时台”以观四时，有“囿台”以观走兽鱼鳖。夏桀之瑶台、商纣之鹿台方圆三里，高千尺，可“临望云雨”“七年而成”，是历史上的名台。

周文王爱惜民力，有台七十里并与百姓共有之。周朝规定：天子可有囿百里，大国（诸侯）四十里，中等国三十里，小国二十里，自此各地营台成风。楚有章华台，赵有丛台，吴王姑苏台“三年乃成，周旋诘曲，横亘五里，崇伤土木，弹耗人力”，工程浩大，但功能上仅供人欣赏自然景色，宴饮射猎，不再单纯炫耀建筑本身的豪华。

到周朝，园林和城市规划已有了相当大的发展，各自具有鲜明的特色。木结构建筑也已具有较高的水准。木材的生产、加工、彩画、涂金等工艺很发达，建筑“如斯飞”——如同飞鸟张开双翼，表明自己有出檐特性，显得轻巧灵活，鲁班就是众多匠人中的杰出代表。东方园林中建筑易于与自然融合，而非对立关系，很大程度上是由木结构框架体系通透性强、体量精巧决定的。它保证了即使在中国园林发展后期建筑密度过大的情况下，也并不让人感到过于压抑。

当时砖石材料也有应用，砖瓦表面有精美的花纹和浮雕，其应用也达到了相当高的水准，但在宫室和园林建筑中未能取代木构架而成为第一结构，仅作为柱间的填充和屋顶的覆盖物而出现。

植物方面，当时记载有梅、桃等果木，葛麻、野桑等织造用木，车前草、益母草等药用植物。植物的生态习性也为人熟悉——“山林地，宜耘皁物（壳斗科植物），川涂地（河边），宜耘膏物（杨柳），丘陵地，宜耘核物（核果类），坟衍地，宜耘荚物（豆科），原湿地（池沼水畔），宜耘丛物（芦苇类）”。扦插、嫁接也有记载。

周朝以前各朝代的园林发展，为中国园林风格的形成打下了基础。殷末周初的文王之囿，其中最著名的是灵台、灵囿、灵沼。它们是自然风景苑囿发展到成熟时期的标志，也是最有影响的人工造园的开端。文王之囿以其独有的文化载体（《灵台》诗及相关记载），成为中国造园传统思想、格局、特色的典范。

另据《述异记》上记载：“吴王夫差筑姑苏台，三年乃成，周旋诘屈、横亘五里，祟馆土木，弹耗人力，宫妓数千人，上别立春宵宫作长夜之饮”。“吴王于宫中作海灵馆、馆娃阁、铜构玉槛，宫楹槛，珠玉饰之”，可以看出当时的宫室不仅规模宏大，而且也非常华丽。据记载，吴王夫差曾造梧桐园（今江苏吴）、会景园（在嘉兴）。记载中说：“穿沿凿池，构亭营桥，所植花木，类多茶与海棠”，这说明当时造园活动用人工池沼，构置园林建筑和配置花木等手法已经有了相当高的水平，上古朴素的囿的形式在春秋战国时期得到了进一步的发展。

2. 秦汉时期的宫苑和私家园林

（1）秦朝宫苑。到了封建社会，由于生产力进一步提高，囿的单一游乐内容已不能满足当时统治者的要求，从而出现了以宫室为主体的建筑宫苑，除有动物供狩猎或圈养观赏外，还有植物和山水的内容（注：苑，以自然山林或山水草木为主体，畜养禽兽，比囿规模大，有墙围着，后世帝皇所造规模大的都城郊外的园，多称“苑”。囿，以动物为主体，无墙）。

秦始皇统一中国后，建立了前所未有的庞大帝国。在物质、经济、思想制度等方面做了不少统一的工作。他每消灭一国，必仿建其宫室于咸阳北坡上，为便于控制各地局势，大修道路（道旁每隔 8m 植松，有人称之为中国最早的行道树），将各国贵族带到了咸阳。咸阳周围宫室林立，后又在渭水之南建“上林苑”，到秦始皇 35 年（公元前 212 年）又建阿房宫，同时带到秦国的还有各地的建筑风格。

秦苑兴建的指导思想比东周又有发展，不单纯是骑射狩猎或筑台观景，风景的欣赏也不单是纯直观的，而加入了思维意向的补充。山岳壮美、稳固，矗立千年，让秦始皇感到神秘崇敬，所以他赴泰山封禅企望江山永固。对人生死的神秘感使他在苑中按照齐、燕方士的描述“作长池，引渭水……筑土为蓬莱山”，即仿照传说中的东海三仙山，对自然环境人工地加以塑造。

（2）汉朝宫苑。到了汉朝，初期汉高祖建长乐宫、未央宫，其范围就很大，在其中盖了几十个宫殿，有高台、有池山，设“兽圈”，收养百兽等。汉武帝刘彻统治时期，是汉之最盛时期，国力富裕，建筑宫苑的形式更得到了发展，继承和发展了秦朝营园宏大壮丽的特点，利用秦之旧址翻建了最著名的上林苑，“古谓之囿，汉谓之苑”。

上林苑规模宏大，长 150km，苑中有苑，苑中有宫，苑中有观。各种宫观苑池各有其功能用途。和商周的“囿”一样，汉朝的“苑”力图创造一个包罗万象、生机勃勃的世界。它比“囿”的内容更为齐全，“囿”（射猎的场所）只是其中一部分，其主题已经转到宫室——著名的上林十二宫（又说十一宫）上去了。其中，以建章宫（图 2-1-2）最为知名，据载建章宫有三十六殿，奇珍异兽充塞其中。高台林立，动辄高达数十丈。周围有 10 余千米，仅殿就有 36 个，还有台、有池，池中有岛，养以禽鸟，还种植很多水生植物。园林布局中，栽树移花、凿池引泉不仅已普遍运用，并且也非常注重如何利用自然与改造自然，而且也开始注重石构的艺术，进行叠石造山，这也就是我们通常所说的造园手法，自然山水，人工为之。苑中的宫观有养百兽的“犬台宫”“走马观”“白鹿观”“观象观”“虎圈观”“鱼乐观”等；有演奏乐曲的“演曲宫”；有栽南方珍果异木的“扶荔宫”“葡萄宫”等；据记载上林苑中栽植的花草树木种类丰富，不下二千余种。苑内除动植物景色外，还充分注意了以动为主的水景处理，学习了自然山水的形式，以期达到坐观静赏、动中有静的景观效果。

建筑群成为“苑”的主体，无论从内容、形式、构思立意，以及造园手法、技术、材料等各方面，都达到相当高的水平。应该说是真正具有了我国园林艺术的性质。在苑中还有供人们往来休息住宿的御宿苑，有在水上载舟载歌、寻欢作乐的昆明池等。此外，尚有观三十五（一说二十五），由其名称可以推想当时进行的各项活动。上林苑中池沼众多，有 10 余座，建章宫中的太液池、唐中池在当时负有盛名。太液池面积很大，池中蓬莱、方丈、瀛洲三岛象征海上仙山。周围高台奇树之外尚有雕胡等水生植物和龟、鳖等水生动物，池旁平沙之上落满雁群，生机盎然使人深为感叹。它以“一池三山”成为后世理水的重要模式，直至颐和园修建时仍在沿用。

汉朝苑囿继承了秦朝宫苑华丽的特点，但因景色需要，各建筑不再完全追求对称而有高低错落，形成苑中有宫、宫中有苑的复杂综合体。除建章宫外，还有赛狗、赛马用的犬台宫、走马观；观鱼、鸟、鹿、象的鱼鸟观、白鹿观、观象观；欣赏音乐用的宣曲宫、平乐观；赏葡萄、荔枝等亚热带植物的葡萄宫、扶荔宫（属于温室一类）。

这些植物中以槟榔、橄榄、柑橘、龙眼等果木为主。蚕观专为观蚕而设。可以看出汉朝的欣赏趣味还是偏于实用，自然山水仍不是主角，但暖房设施的具备为培养奇花异木提供了条件。露地植物的栽培更为广泛，仅贡树就有 2000 多种。汉朝铜雕石刻异常丰富，园中常立铜制仙人仿佛举盘承接雨水（仙露），由北海现存的“仙人承露盘”便可看出“求仙道”对后世影响之深。

此时，汉朝私园也得到很大发展，名臣曹参、霍光均有私园，贵族刘武之园“延亘数十里”。至东汉梁冀在洛阳筑园时，园景模仿附近崤山景色。由模仿仙山过渡到临摹自然景色，这对后世造园起了积极的作用。

汉代的宫苑在“囿”的基础上已大为发展，宫室建筑占有了极为重要的地位，因此称为“建筑宫苑”。与此同时，贵族、地主、富商的私家园林也得到发展，不过因财力、物力和等级制度的制约，其规模较皇帝宫苑小，但造景手法并不逊色。秦汉建筑宫苑和私家园林有一个共同特点，即有了大量建筑与山水相结合的布局，我国园林的这一传统特点开始出现了。

（3）魏晋南北朝的园林。东汉后的 360 年里有 300 年以上处于国家分裂，烽火不停的时期。讲究忍辱、积德、行善、修来世的佛教流行开来。在晋朝儒法思想仍有影响，但道家的崇尚自然、清静无为的思想与人们逃避乱世的愿望不谋而合，故各种学派广为流行，争鸣活跃，类似于战国的诸子百家时期，文化上获得了极大发展。受出世思想的影响，钟情山水的文人学士自然把笔墨转向了野圃闲庭，陶渊明便是其中杰出的代表。当仕途的纷争使他们发觉自己无力对抗丑恶的现实世界时，往往由动转静，不得不回避到山林之中去寻求对自身情操的陶冶，退归田园时为获得身心快乐就逐渐对山水的自然美产生了兴趣。隐士受到了当时人们的推崇，古时隐士许由、巢父成为人们尊敬的大贤。这些隐士是社会的精华，其好恶必然对社会风气产生影响。

踏青修禊（春初赏青）便是当时的重要活动之一，著名的《兰亭集序》便是在这种条件下产生的。晋朝北方被胡人夺取，汉族大夫避难江南，秀丽的山水为他们提供了丰富的欣赏对象。除亲入山林之外，人们也竞相在城市中营园以形成自然气氛。高台巨宫虽然为最高统治者不断修建，但不再是世人崇拜、向往的对象。魏晋南北朝时期园林的发展趋势有了重大转变，这种取向的正确也许是战争给予人们不幸的一种补偿，人们在这条新路上不习惯地摸索着，自然山水的壮丽使人的作品相形见绌，激励着他们去更深入地探索。

魏晋南北朝时期是历史上的一个大动乱时期，也是我国在思想、文化、艺术上有重大变化的时代。这一时期小农经济受到家族庄园经济的冲击，北方落后的少数民族南下入侵，帝国处于分裂状态。而在意识形态方面则突破了儒学的正统地位，出现儒、道、佛、玄等百家争鸣的现象。思想的解放促进了艺术领域的开拓，也给予园林发展以深远的影响。由于当时的文人雅士厌烦战争、玄谈玩世、寄情山水、风雅自居，豪富们纷纷建造私家园林，把自然式风景山水缩写于自己私家园林中。佛教和道教的流行，使得寺观园林也开始兴盛起来。这些变化促成造园活动从生成到全盛的转折，为后期唐宋写意山水园的发展奠定了雄厚的基础。私家园林在魏晋南北朝已经从写实到写意。例如，北齐庾信的《小园赋》，说明了当时私家园林受到山水诗文绘画意境的影响，而宗炳所提倡的山水画理之所谓“竖画三寸当千仞之高，横墨数尺体百里之回”，这成为造园空间艺术处理中极好的借鉴。自然山水园的出现，为后来唐、宋、明、清时期的园林艺术打下了深厚的基础。

随着佛教传入中原，这一时期逐渐流行佛教思想与浮屠的建造，从而使寺庙丛林这种园林形式应运而生。佛寺建筑多用宫殿形式，宏伟壮丽，并附有庭园。这些寺庙不仅是信徒朝拜进香的圣地，而且逐渐成为风景游览胜地。不少贵族官僚舍宅为寺，使原有宅院成为寺庙的园林。尤其是到了南北朝时期，城市中的佛寺，莫不附设有林荫苍翠，甚或有幽池假山景色的庭园。在郊野的寺院，更是选占山奇水秀的名山胜境，结合自然风景而营造。故有“天下名山僧占多”之谚语。

南朝的建康是当时佛寺集中之地，唐朝诗人杜牧有诗云：“千里莺啼绿映红，水村山郭酒旗风，南朝四百八十寺，多少楼台烟雨中。”此外，一些风景优美的胜地，逐渐有了山居、别业、庄园和聚徒讲学的精舍。这样，自然风景中就渗入了人文景观，逐步发展成为今天具有中国特色的风景名胜。佛寺园林的建造，都需要选择山林水畔作为参禅修炼的洁净场所。因此，他们选址的原则是：一是近水源，以便于获取生活用水；二是要靠树林，既是景观的需要，又可就地获得木材；三是地势凉爽、背风向阳和良好的小气候。具备以上三个条件的往往都是风景优美的地方，“深山藏古寺”就是寺院园林惯用的艺术处理手法。此时的寺院丛林已经有了公共园林的性质。

三国、两晋、十六国、南北朝相继建立的大小政权都在各自的首都进行宫苑建置。有关皇家园林的记载较多：北方为邻城、洛阳，南方为建康。北魏洛阳的皇家园林，在《洛阳伽蓝记》记载中还有“千秋门内北有西游，园中有凌云台，那是魏文帝（苔五）所筑者，台上有八角井。高视于井北造凉风观，登之远望，目极洛川。”

从记载中可以略见魏晋南北朝时，皇家园林的简单情况。比起当时的私家园林来看，它已具有规模大、华丽、建筑量大的特点，但却没有私家园林富有曲折幽致、空间多变的特点。此时期的皇家园林在沿袭传统的基础上，又有了新的发展：园林造景从单纯的写实转变为写实与写意的结合；筑山理水的技艺达到一定的水准；变官室建筑为以山水作主题的园林营造，并开始受到民间私家园林的影响，透露出清纯之美等。

此时期的山水画渐渐开始形成独立画种，但仍显得十分粗糙、比例关系不对；画面上的自然景物呆板、过于规则；树常成行成列地出现在画面中；人有时比山还大。中国园林受画论影响较文学更为直接，画既如此，园林水平也就可想而知了。但绘画理论的发展之快已十分引人注目，如谢赫（南朝齐人）在《古画品录》中提到山水画六法：①气韵生动；②骨法用笔；③应物象形；④随类赋彩；⑤经营位置；⑥传移摹写。它们分别指：①使作品有能感动人的总体效果；②线条的笔触、比例要正确；③选取并表现最具特色的形象；④着色上要富于表现力；⑤推敲构图、布局恰当；⑥从临摹借鉴中吸取前人的长处。其中经营位置对园林的作用更为直接，其他各点因对中国绘画产生了巨大推动作用，也间接地指导了造园活动。

这个时期的园林在类型、形式和内容上都有了转变：园林类型日益丰富，出现了皇家园林、私家园林、寺观园林等；园林形式由粗略地模仿真山真水转到用写实手法再现山水，自然山水园；园林植物，由欣赏奇花异木转到种草栽树，追求野致；园林建筑，不再徘徊连通，而是结合山水，列于上下，点缀成景。

魏晋南北朝是中国古典园林重要的转折时期，此期不仅在园林的艺术性上取得了长足的进步，即形成了中国古典园林的三大系统体系——皇家园林、私家园林、寺观园林；而且同时在工程技术上的造诣也取得了较高成就。梁元帝萧绎的东苑有数百米长的假山洞，可以推断出当时假山技术已较为完善。魏铜雀、金虎、冰井三台二有机械阁道相通，由人操纵可断可接，令人赞叹。神佛造像的雕刻技术更创造了云岗、龙门、莫高等著名石窟。无论在艺术和技术上，魏晋南北朝都为写意山水园的产生创造了条件。

3. 隋、唐、宋宫苑与唐、宋写意山水园

隋、唐是我国封建社会中期的全盛时期，宫苑园林在这时有了很大发展。

（1）隋朝。隋结束了长期混乱局面，完成了统一南北的大业以后，南北方的园林得到了交流，使北方宫苑也向南方自然山水园演变，而成为山水建筑宫苑。隋朝最著名的、最为宏伟的西苑为隋炀帝所建，是继汉武帝上林苑后最豪华壮丽的一座皇家园林。

历史上有名的隋炀帝登基后就着手办三件大事：第一件兴建洛阳城，第二件建西苑，第三件开凿大运河，这三件大事都直接或间接与造园有关。开凿运河，炀帝三下扬州，建行宫四十余所，为前代罕有。隋炀帝为了自身享乐，兴筑的西苑，是继汉武帝上林苑后最豪华壮丽的一座皇家园林。西苑是以人工叠山造水，并以山水为园的主要脉络，特别是龙鳞渠为全园的一条主要水系，贯通十六个苑中之园，使每个庭院三面临水，因水而活，并跨飞桥，建逍遥亭，丰富了园景。绿化布置不仅注意品种，苑内种植名花美草、杨柳修竹，而且隐映园林建筑，隐露结合，非常注意造园的意境，形成了环境优美的园林建筑。整个苑以水分隔与联系，辟成十六院，各成一区，有独立的宫殿建筑。每个庭院虽是供妃嫔居住，但与皇帝禁宫有着明显的不同，对以后的唐代宫苑带来较大的影响。因每院以水渠来贯穿和分隔而摒弃了以建筑穿插，从而避免了密度过大的缺陷。各院如同一幅幅连续的图画逐一展开，沿水地形有高低变化。山水已成为组织全园的骨干，这种风格是南北朝自然山水园的发展。隋炀帝可以乘舟往来于五湖四海十六院，随意游乐，形成了以湖山水系为特征的山水建筑宫苑，其造园技术与造园艺术也进入了一个新的阶段。

（2）唐朝。唐朝是中国历史上最为辉煌的时代。唐朝政治清明，物产丰富，为宫殿庭园的修建提供了可靠的保障；国内外交通的改善，边疆平静安定，使得国内外交流增多；统治者对外开放，文化得以采古今中外之长；唐朝诗歌是我国文学史上最动人的篇章，而文学在漫长的封建社会中被认为是唯一的艺术，它是其他艺术形式的指导和晴雨表；山水画吸收了隋朝西域少数民族画家在色彩上的优点，形成了金碧青绿山水画和泼墨山水画两大派系，唐朝写意山水园便是在这样的背景下产生的。唐朝木结构建筑艺术达到了前所未有的繁荣，形成了统一的风格又不拘泥于教条，有仿有创，同时建筑的造型能够结合功能，达到了实用美观的要求，城市规划更是壮丽无比。长安一时间成为东到日本西至西域的众多国家所向往的地方，客商学子云集。东邻日本就是在此时充分汲取了唐朝建筑之长，创造了自己的风格。

唐朝国力强盛，所建园林规模更为宏大，仍取宫苑结合、前宫后苑的形式，著名的有西内（太极宫）、东内（大明宫）和南内（兴庆宫），并在骊山建华清宫。禁苑内除离宫别馆外，还有“球场”，当时在贵族中盛行骑马击球，这是我国园林中出现较早的体育活动场地。在城的东南角有“曲江池”，也是帝王游乐之所。环江有观榭、宫室、紫云楼、采霞亭等，据说每年还定期向百姓开放三天，是我国最早出现带有“公园”寓意的园林胜境。

唐朝人不再仅仅满足于对自然的歌颂和亦步亦趋的模仿，开始追求超越自然的自然。他们细心观察高山的巍峨险峻，流水的回环跌宕，鲜花的芬芳雅洁，绿树的青翠挺拔，将其精华提炼后布置在一块相对较小的园地中。

唐朝园林最重要的特点是文人学士的积极参与，他们代表着当时最高的文化阶层，他们的构想是统治者本身、方士和匠师难于比拟的。唐朝文人画家以风雅高洁自居，多自建园林，并将诗情画意融贯于园林之中，追求抒情的园林趣味。说园林是诗，但它是立体的诗；说园林是画，但它是流动的画。

著名的例子有王维的“辋川别业”，白居易的“庐山草堂”，以及长安附近的曲江池。王维是中唐时期著名的诗人和山水画家，佛理禅宗造诣颇深。他在今陕西蓝田县西南铜川筑景点10多处，依次是：借古城废墟而成的“孟城坳”；坳后的青翠山坡“华子冈”；以文杏木构筑的“文杏馆”；馆旁竹山“斤竹岭”；小径依溪延伸，溪边木兰盛开的“木兰柴”；小溪源头遍布山茱萸的“茱萸沜”；其旁宫槐（龙爪槐）茂密的“宫槐陌”；深山里的“鹿砦”；气崖旁密林“北垞”；湖边景色开阔的“临湖亭”；亭边“柳浪”；水势汹涌的“栾家濑”；水势轻缓的“金屑泉”；泉湖相接的“白石滩”；竹丛夜宿“竹里馆”；以漆树、花椒、辛夷花为主题的“漆园”“椒园”“辛夷坞”。全园不以高台崇阁为主题，人为的痕迹仅有废墟“孟城拗”“文杏裁为梁，香茅结为庐”的草房“文杏馆”和竹丛中的“竹里馆”。为烘托自然胜景，选取最美的景观构成游览线，山景、水景、树景千姿百态，每个景点都配诗一首。以“竹里馆”为例，“独坐幽篁里，弹琴复长啸，深林人不知，明月来相照”，空寂之中禅宗风骨。“竹里馆”的形式如何我们不必去追根求源，只要清楚它是依附于青竹明月和作者存在的，而这一切景物的存在又是依附于对一种诗一样的气氛的追求，就可以知道它对于今天的影响力了。

“辋川别业”是有湖水之胜的天然山地园林，别业所处的地理位置、自然条件未必胜过南方，但由于在造园中吸取了诗情画意的意境，精心的布置，充分利用自然条件，构成湖光山色与园林相结合的园林胜景。再加上有诗人的着力描绘，使得“辋川别业”处处引人入胜，流连忘返，犹如一幅长长的山水画卷，淡雅超逸，耐人寻味，既有自然情趣，又有诗情画意。白居易所选址的庐山香炉峰自然景观应较“辋川别业”更为人所熟知。庐山植物丰富（现有植物园）湖山相依。由其所作《庐山草堂记》可知草堂属于单体建筑而非群体景点贯穿而成，侧重于静态景观的凭借，借景和造景手法更为凝练。堂南地势开阔，有平台方池依次相接，孙中山竹野卉、白莲白鱼在炎热的夏天显得素雅清新。堂北依断崖人工堆叠山石加强其危势，崖上有“四时一色”的常绿林木，巧妙利用自然条件做到了背风向阳。堂东有瀑布直泻屋旁并凿石渠加以容纳。堂西由北崖西向延伸的余脉上用竹管引来泉水，沿屋檐下泄，都有防暑降温的作用。稍远处还有虎溪、石门涧等水流，令人有冬暖夏凉之感。唐华清宫的最大特点是体现了我国早期出现的自然山水园林的艺术特色，随地势高下曲折而筑，是因地制宜地造园佳例。但唐华清宫、翠微宫等宫苑虽极尽富丽，但只不过是秦汉宫苑的翻版，创新不大。唐朝结束后的五代十国时期历史虽短（只有50多年），但在山水画上忠实地继承并发展了泼墨山水，使之成为风景画中的主流，杰出的代表是荆浩、关仝。他们强调深入到自然中去，但不能只求形似，要有所增删，保留那些最本质的东西并加以强调，使主题鲜明，要进得去出得来。这说明当时在山水画上“真”已经为人所掌握，不再是追求的第一目标，如何能“美”正成为人们面临的首要问题。

唐朝园林从仿写自然美，到掌握自然美，由掌握到提炼，进而把它典型化，使我国古典园林发展形成写意山水园阶段。其造园技术与造园艺术更有很大的发展与提高，宫苑建筑与写意山水景观完全结合为一体，多难以分出哪是主体，既是皇家所建宫苑，又是具有诗情画意的写意山水园，具有显著的游憩功能与很高的审美价值，称为“山水宫苑”。唐朝山水园一般是在自然风景区中或城市附近营造而成，而前者的成就尤为显著，为后世所推崇。

（3）宋朝。到了宋朝，以徽宗赵佶为首的统治者本人即对山水画创作产生了极为浓厚的兴趣，画和诗词联系更紧密。如他常在画院命题作画，其一为“踏花归去，马蹄香气”，有人画了遍地落花，而第一幅画的是马蹄旁有几只蝴蝶来回飞舞。又一为“野水无人渡，孤舟尽日横”，有人画空舟一叶，有人画一只水鸟停在船上，第一名画的是一个船夫在随水飘荡的舟中吹笛的场面。虽然这些画不如《清明上河图》等风俗画那样充满时代感、富于生活气息，却标志着人们开始按照自己亲笔描绘出的景色来构想自然并使自己得到满足，而不是仅仅停留于出神入化地模仿，这两种风格应被同样地予以重视。宋朝园林已开始“按图度地”，图纸不再只是园林的记录而成为施工的指导了。

宋朝建筑在唐朝的基础上有了改进和发展，并给予了理论上的总结。《营造法式》介绍了各式建筑的做法，是最杰出的建筑经典之一。它以模数衡量建筑使建筑有比例地形成了一个整体，组合灵活拆换方便，但宋时建筑已不如唐朝朴素大方，转而追求纤巧秀丽。园林建筑的造型到了宋代，几乎可以说达到了完美的程度，木构建筑那种相互之间的恰当比例关系，并用预先制好的构件成品，采用安装的方法，这在宋代是了不起的成就，形成了木构建筑的顶峰时期。

宋朝园林最高成就首推寿山艮岳。这是宋徽宗赵佶所建，赵佶好游山玩水，写字作画，不惜劳民伤财，在汴京营造“艮岳”。艮岳主峰位于园东，上有介亭可由栈道上下。东南的寿山，中部的万松岭，与艮岳一同构成层峦叠嶂之势，相互开合收转，或成巨谷或为险峪。三山相交处有雁池（一称砚池）以汇艮岳万松岭之水，水奋静流，有瀑布。池水西出平地流入规划的方沼和凤池，构成河洲景区。周围种草药以示求道长生，辟农舍以示心悬天下。全园 700 多亩（1 亩 =667 平方米），东部山景为其精华，万松岭、寿山均为艮岳的陪衬，无论从高度和体量上都处劣势，万松岭较寿山更为平缓，山上松林茂密。三座山各有各的性格而不雷同。艮岳东麓密植绿尊梅花上百株，辅以“尊绿华堂”“萧森亭”等亭台，近可观林木花草，远可眺园外景龙江沿岸十里灯火。园中怪石林立，情趣自然。主山险峻，其上的楼道被誉为“有蜀道之难”。山中有大洞数十，以石灰石置于其中，自生烟云。艮岳追求山水画中山要收放起伏、有宾主相揖的意境，吸收了名山大川的雄奇险秀，并成功地进行了再现。艮岳不供休息居住使用，它纯为游览而建。观赏性被提高到首位，这对专业的风景园林设计提出了更高的要求。

缀山叠石在此时亦有所发展。假山的建造，在宋之前已有人尝试。唐朝定昆池仿华山，平泉山庄则效巫山。这些园林只是机械地照猫画虎，如同唐朝之前的风景嗣并未得山水之神韵。宋朝由于人们对城市生活的平淡感到乏味，而多姿多彩的山石，立置可倚，卧放可息，尤其太湖石多变的线条、通透的体貌与被称为线的艺术的中国山水画有异曲同工之妙，所以众多画家搜集天下奇峰异石，置亘岳之中，就是著名的“花石纲”。在置石方式上喜“独置”欣赏。此时已完全有了我国“山水建筑宫苑”的特色。

唐诗宋词，这在我国历史上是诗词文学的极盛时期，绘画也甚为流行，出现了许多著名的山水诗、山水画。而文人画家陶醉于山水风光，企图将生活诗意化。这必然影响到园林创作，诗情画意写入园林，以景入画，以画设景，借景抒情，融汇交织，把缠绵的情思从一角红楼、小桥流水、树木绿化中泄露出来，表现出文人构思的写意山水园林艺术，形成了“唐宋写意山水园”的特色。由于建园条件的不同，可以分为以自然风景加以规划布置的自然风景园林和城市建造的城市园林。

自然风景园可以唐代著名的田园诗人王维的“辋川别业”和著名现实主义诗人白居易“庐山草堂”为典型。城市园林可以背诵李格非《洛阳名园记》所载 20 多个名园为代表。洛阳园林园景与住宅分开，园林单独存在，专供官僚富豪休息、游赏或宴会娱乐之用，有花园、游憩园、宅院三种类型。

到了南宋，由于杭州的自然风景及气候条件，造园也大为发展。宋朝名花种类已达千种以上，植物种植手法多样化，水体处理更为自然。最重要的还是山石的大量应用，使得人工造山可以在较小的园地里创造出巍峨的气魄。

南宋迁都临安（今杭州）之后，经唐朝白居易疏浚整治的西湖成为当时最著名的旅游胜地。1071 年，苏东坡在西湖组织修建了长堤，后人为纪念他，定名为苏堤。用一条长堤，既把西湖湖水起到划分空间的作用，增加西湖水面空间的层次，丰富了西湖水面景色，而且苏堤本身又是非常重要的一景—“苏堤春晓”。这种大范围的设计构思，可以说是我国最早期城市园林的极好实例之一。西湖有园林 560 处，人称“一处楼台三十里，不知何处是孤山”（西湖山势较低，更显人工景物突出）。同时，也是社会各项活动的重要场所：缔姻、会亲、送葬、经会、献神。西湖由淡装到浓抹，变得艳丽起来，这当中自然也有不适合园林本身的内容。西湖十景此时已经定出，分别为“平湖秋月”“苏堤春晓”“断桥残雪”“曲院风荷”“雷峰夕照”“南屏晚钟”“花港观鱼”“柳浪闻莺”“三潭印月”“两峰插云”。景名两两相对，平仄对仗为各地所罕有，今日虽各处均有新景名，百般推敲难有出其右者。

1）苏堤春晓。北宋大诗人苏东坡任杭州知州时，疏浚西湖，利用挖出的葑泥构筑而成。

后人为了纪念苏东坡治理西湖的功绩将它命名为苏堤。苏堤长堤延伸，六桥起伏，为游人提供了可以悠闲漫步而又观瞻多变的游赏线路。

2）平湖秋月。平湖秋月景区位于白堤西端，孤山南麓，濒临外西湖。其实，作为西湖十景之一，南宋时平湖秋月并无固定景址，这从当时以及元、明两朝文人赋咏此景的诗词多从泛归舟夜湖，舟中赏月的角度抒写不难看出，如南宋孙锐诗中有“月冷寒泉凝不流，棹歌何处泛舟”之句；明洪瞻祖在诗中写道：“秋舸人登绝浪皱，仙山楼阁镜中尘”。

3）双峰插云。巍巍天目山东走，其余脉的一支，遇西湖而分弛南北形成西湖风景名胜区的南山、北山。其中的南高峰与北高峰古时均为僧人所占，山巅建佛塔，遥相对峙，迥然高于群峰之上。春秋佳日，岚翠雾白，塔尖入云，时隐时现，远望气势非同一般。南宋时，两峰插云列为西湖十景之一，清康熙帝改题为双峰插云，建景碑亭于洪春桥畔。其时双峰古塔毁圮已久，以至连此景原有的内涵也一度难为人知“插云”者虚言也。

西湖作为唐、宋时期的写意山水园林的代表，因地制宜地建造在城市之中，成为我国首个城市园林。这一时期园林艺术的另一种类型是在自然名胜区，以原来自然风景为基础，加以人工规划、布置，创造出各种意境的自然风景园。此种园林又受文人画家的影响，也具有写意园林艺术的特色。在杭州等这种本来就具备丰富的风景资源的城市，到了唐、宋，特别是宋朝，极注意开发，利用原有的自然美景，逢石留景，见树当荫，依山就势，按坡筑庭等因地制宜地造园，逐步发展成为更为美丽的风景园林城市。公共园林性质的佛寺丛林在唐宋也有所发展，在我国的一些名山胜景，如庐山、黄山、嵩山、终南山等地，修建了许多寺院，有的既是贵族官僚的别庄，往往又作为避暑消夏的去处。

宋朝私园发展很快。董氏西园，亭台花木不用对称轴线，自然布局。景物呈序列变化：正堂小桥—离台—林中草堂—竹林水池—大湖—高亭，各景可望而不可即，人曰："此山林之景，而洛阳城中遂得之于此。"环溪园将溪水收而成溪，放而为池。树林安排也有变化，林中空地布置为植物展览区。湖园"水静而跳鱼鸣，木落而群峰出，虽四时不同而景物皆好"，无论何时何处都有美好的景色。"务宏大者少幽邃，人力胜者少苍古，多水泉者艰眺望，兼此穴者，惟湖园而已。"由此可知，景物给人的感受是很丰富的。

唐宋写意山水园开创了我国园林的一代新风。它效法自然、高于自然、寓情于景、情景交融，富有诗情画意，为明清园林，特别是江南私家园林所继承发展，成为我国园林的重要特点之一。

宋朝名花种类已达千种以上，植物种植手法多样化，水体处理更为自然。最重要的还是山石的大量应用，使得人工造山可以在较小的园地里创造出巍峨的气魄。中国写意山水园的组成素材在宋朝已很发达，园林正成为博大精深的艺术门类。因此，宋朝是最值得我们为之骄傲的时期，至少在其后数百年中，世界上其他国家无可与之并驾齐驱。

从唐、宋众多的园林实例中我们可以看出，我国园林的基本形式有以"艮岳"为代表的皇家宫苑，以杭州等地为代表的自然式城市风景园林，或以洛阳等地为代表的私家园林。这些不仅在形式，而且在造园手法等方面，进一步开创了我国园林艺术的一代新风，达到了极高的境界。在具体造园的手法上，也有很大的提高。如为了创造美好的园林意境，造园中很注意引注泉流，或为池沼，或为挂天飞瀑。临水又置以亭、榭等，注意划分景区和空间，在大范围内组织小庭院，并力求建筑的造型、大小、层次、虚实、色彩，并与石态、山形、树种、水体等配合默契，融为一体，具有曲折、得宜、描景、变化等特点，构成园林空间犹如立体画的艺术效果。

4. 明清宫苑和江南私家园林

（1）明清宫苑。明清是我国封建社会的没落时期。明代宫苑园林建造不多，其代表是明西苑，系将元代的太液池向南扩展，加挖南海而形成三海，园林风格较自然朴素，继承了北宋山水宫苑的传统。清代宫苑建设日繁，其数量之多，规模之大，超过了历史上任何朝代。

明清宫苑多为艺术水平很高的山水宫苑，以北京为中心，向全国普及，是我国古代造园发展的鼎盛时期。此时期规模宏大的皇家园林多与离宫相结合，建于郊外，少数设在城内的规模也都很宏大。其总体布局有的是在自然山水的基础上加工改造，有的则是靠人工开凿兴建，其建筑宏伟浑厚、色彩丰富、豪华富丽。清代宫苑园林一般建筑数量多、尺度大、装饰豪华、庄严，园中布局多园中有园，即使有山有水，仍注重园林建筑的控制和主体作用。清代自康熙南巡、乾隆游江南后，不少园林造景模仿江南山水，吸取江南园林特色，可称为建筑山水宫苑。代表作有北京的颐和园、圆明园和承德避暑山庄等。

明、清时期造园理论也有了重要的发展，出现了明末吴江人、计成所著的《园冶》一书，这一著作是明代江南一带造园艺术的总结。该书比较系统地论述了园林中的空间处理、叠山理水、园林建筑设计、树木花草的配置等许多具体的艺术手法。书中所提“因地制宜”、“虽由人作，宛自天开”等主张和造园手法，为我国的造园艺术提供了理论基础。

1）颐和园。颐和园是在金朝金山、明朝瓮山的基础上发展起来的。乾隆仿汉武帝建昆明池练水军，改瓮山泊为昆明湖，命瓮山为万寿山以为母庆寿，是为清漪园。其后同样遭到八国联军的破坏，由光绪重修形成今日格局。3400 亩（1 亩 =667 平方米）的水面与万寿山形成了强烈对照，万寿山南坡 930m 的长廊与排云殿、佛香阁、智慧海的纵向轴线也形成了对比。南坡建筑密度大、宏伟壮丽。北坡幽深，后湖穿行于苏州街间，追求田野民居的生活情趣。后湖两山夹一水，前湖水面东西向的十七孔桥和南北向的西堤使水面有了变化。远有玉泉山、西山的景色可姿借入，园内更有由千里之外的无锡寄畅园借来的谐趣园。至于各个景区和景点的创作更是精致多样，是京城皇家园林中的绝顶精品。

2）圆明园。被外国传教士称为“万园之园”的圆明园，以人工塑造起伏的地形、流畅的水系和精巧的建筑，让人们感到处处是人的创造，处处又散发着和谐优美的自然气息，山丘、流水、花树让人感到亲近舒适。圆明园是类似于隋朝西苑，以水院为特点的山水建筑式宫苑。“九洲清晏”紧接宫区，方形大湖四周分布着九块陆洲。景区取九州大地清平安定之意，较秦始皇移六国之精于威阳北阪，手法自如得多。九州景区后是寺庙、书阁等特殊功能建筑和水体无中心组合的自然布置，之后是以福海为中心的江南名园仿制区，最后是乡村风景区。几十组景物景景不同。圆明园是以人工造景为主、兼有南北之长的范例，它在皇家园林中有其独到之处，但圆明园在 19 世纪中叶以后不幸毁于英法联军之手。现局部区域地形尚有保留，虽已部分恢复，但原有之断垣残壁仍使人触目惊心，扼腕长思。

圆明园占地 210 h ㎡，水域约占 4/10。东部为园内最大水面福海，外围环列 10 个小岛，构成一处大型园林景区，共有10座园中园和建筑风景群。福海略呈方形，东西皆宽五六百米，水面开阔。盛时每逢阴历五月五日端午节和七月十五日中元节，先后在此举行龙舟竞渡和放河灯等民俗活动。圆明园是清帝"以恒莅政"之处，园林建筑兼备理政、园居双重功能。大宫门外分列部院旗营值房，门内即是举行朝会的正衙、日常理政的殿堂，再内方为帝后寝宫区，以及祖祠、佛楼和众多的游憩景观。圆明园原是康熙皇帝（1662~1723年在位）赐给皇四子胤禛（即后来的雍正皇帝）的一处花园，据考始于1707年（康熙四十六年），当时规模较小。到1719年（康熙五十八年），园主首题"园景十二咏"时，主要景观除在后湖四岸外，北至耕织轩，东达福海西岸深柳读书堂。后经雍正朝（1723~1735年）大规模拓建及乾隆初年增建，至1744年（乾隆九年）乾隆帝分景题诗成"圆明园四十景"。此后二三十年间，园内又相继有过多处增建和改建。共有园林风景群近50处、挂匾的殿堂亭阁约600座。吸收江南私家园林的造园艺术力图将天下名园都搬入一园中，其中不少景观仿自我国各地尤其是江南的名园胜景，诸如杭州西湖十景、海宁安澜园、无锡寄畅园等。另外，还有西洋巴洛克的建筑。其中著名的景点有正大光明殿、万方安和、武陵春色、坐石临流、柳浪闻莺、廓然大公、蓬岛瑶台、平湖秋月、方壶胜境、别有洞天。

长春园在圆明园东侧，始建于1745年（乾隆十年）前后。此地原是康熙大学士明珠自怡园故址，有较好的园林基础，两年后该园中西路诸景基本成型，1751年（乾隆十六年）正式设置管园总领。稍后又在西部增建茜园，北部建成西洋楼景区，并于1766~1772年（乾隆三十一年至三十七年），集中增建了东路诸景。占地70余公顷，有园中园和建筑景群约20处，包括仿苏州的狮子林、江宁（南京）的如园和杭州西湖的小有天园等园林胜景。长春园昔日的园林景观，仅在乾隆年间由宫廷画师绘有一幅大型全景图，1860年代英法联军焚园后下落不明。1992年12月起，全面整修长春园山形水系，至1994年5月竣工放水。

西洋楼景区位于长春园北界，是我国首次仿建的一座欧式园林，由海晏堂、黄花阵、谐奇趣、养雀笼、方外观、远瀛观、大水法、观水法、线法山、线法画等十余座西式建筑和庭院组成，占地约7 h㎡。此处欧式园林，由西方传教士意大利人郎世宁（Giuseppe Castiglione 1688~1766年）和法国人蒋友仁（R.Michel.Benoist 1715~1744年）设计监修，中国匠师建造。1747年（乾隆十二年）开始筹划，1751年（乾隆十六年）秋季建成第一座西洋水法（喷泉）工程谐奇趣，1756~1759年（乾隆二十一年至二十四年），基本建成东边花园诸景，1783年（乾隆四十八年）最终添建成高台大殿远瀛观。

西洋楼全盛期，清宫制有一套铜版图，为建筑立面透视画共20幅。1786年（乾隆五十一年）成图，由宫廷满族画师伊兰泰起稿，造办处工匠雕版。图幅面宽93cm，高58cm。1860年代圆明园罹劫时，这些西式殿阁因以石材为主，故多有残存。经百年风雨仍然孑立，警示世人勿忘血泪史。1977~1992年间，西洋楼各遗址得以清理，廓清殿座基址，整修喷泉池，归位柱壁石件，并修复了迷宫黄花阵。

3）承德避暑山庄。承德避暑山庄也是清朝盛事开始修建的，它的布局较颐和园更为分散。全园分为行宫区、湖州区、草原区、山岭区四部分，以山为主，以水为辅，水面分散而不集中。各景点因地制宜，有塞北江南之称。三条线路、五个湖形成了多变的环境，作为尽端重点的金山上帝阁、烟雨楼等多是模仿江南名园意境。湖区之北是大片的谷原区，四周环绕院落、宝塔、亭子，中心大块草原和树林是满蒙贵族与帝王进行最有民族特色的活动—狩猎会盟的场所，它是这些民族摇篮（东北森林和蒙古草原）的缩微再现。山庄西部的山岭区占全园 560 h ㎡面积的 2/3，三条山谷由西北向东南延伸，和夏季风向一致，形成抽风机的效果，将园中热气排走，由南向北依次为水泉沟、梨树峪、松云峡。由沟、峪、峡这些名称可以看出地势上是由低变高的，设计者结合山中不同地势进行了灵活的景点设计。山庄东面和北面的外八庙，南面的城市，使人们在环状长墙上都有景可观。“锤峰落照”就是将避暑山庄外的磬锤峰（俗称棒槌山）的倒影作为山区借景，这种设计上的大手笔为皇家园林所特有。

（2）明清私家园林。明清私家园林在前代的基础上有很大发展，无论南北均很兴盛。如北京米万钟的勺园等。

江南私家园林较多，西南、岭南也有些私家园林，其中尤以江南园林最为著称。相对而言，江南私家园林由于多在喧闹的城市里，注重的是与外界隔绝下采用抽象精练朴素的风格，创造出内向的曲折多变的空间。其内涵极大丰富了中国文化的内涵，成为皇家园林和其他园林类型的模仿对象。江南园林中，苏州园林是其中最突出的代表，有“苏州园林甲江南”之称。

苏州自然条件优越，历史悠久，经济发达，文风兴盛。园林的艺术性和技术性在全国最为著名。花木种类繁多，建筑布局精巧，城中水网密布被称为“东方威尼斯”，取水入园极为方便，附近产出的南太湖石促进了叠山技巧的研究发展，凡富绅官吏无不以佳园为念，私园众多。较有影响者约有几十座，最具代表性的是拙政园、留园、狮子林、沧浪亭、网师园等处。

拙政园的精华在于中西两园。由中园的腰门入园首先要经过长而窄的通道，门内是一个作为障景的假山，人虽入园却不知其貌。穿过狭窄黑暗的山洞来到宽敞明亮的远香堂前，这座全园主体建筑临池面山使中园景观横向展开。可眺望城郊峰峦的见山楼横卧于水面之上，以细桥窄堤汇合一处，四面湖水拍岸的荷风四面亭、待霜亭，湖水东岸的绿满亭、梧竹幽居组成了一幅天然画屏，远香堂两翼是海棠春坞和小沧浪两个相对自成体系的小景区。西园和中园有墙相隔，西园墙边土山上筑宜两亭居高临下，可望两园景色，亭名取白居易诗：“绿杨宜作两家春”，意为墙边的柳树返青（古时杨柳不分）为两家都可欣赏到的春季景色。水流呈带状之字形，形成了两条纵长幽深的透景线，尽端分别为倒影楼和塔影亭，中间的主体建筑三十六鸳鸯馆四周出有抱厦，冬暖夏凉。对岸留听阁取自李商隐“留得残荷听雨声”诗句，和中园的开敞相比较，显得另有情趣。全园做到了变化统一相结合，步移景异，是苏州园林的代表作之一。

其他较有名的江南园林分布在无锡（寄畅园）、扬州（个园、何园等）、上海（豫园、内园等）、南京（瞻园等）、常熟（燕园等）、南翔（古漪园）、嘉定（秋霞圃）、杭州（皋园、红栎山庄等）、嘉兴（烟雨楼）、吴兴（潜园）等地。

寄畅园坐落在无锡市西郊东侧的惠山东麓，惠山横街的锡惠公园内，毗邻惠山寺。寄畅园属山麓别墅类型的园林。寄畅园的面积为 14.85 亩（1 亩 =667 平方米），南北长，东西狭。

园景布局以山池为中心，巧于因借，混合自然。假山依惠山东麓山势作余脉状。又构曲涧，引“二泉”伏流注其中，潺潺有声，世称“八音涧”，前临曲池“锦汇漪”。而郁盘亭廊、知鱼槛、七星桥、涵碧亭及清御廊等则绕水而构，与假山相映成趣。园内的大树参天，竹影婆娑，苍凉廓落，古朴清幽。以巧妙的借景，高超的叠石，精美的理水，洗练的建筑，在江南园林中别具一格。

北方私家园林和同期的寺庙园林、风景区也得到了一定的发展。清朝园林总体上发展不大，虽也汲取了西方的先进工艺，如喷泉、彩色玻璃等，但未能探究其本质的东西并加以消化。我们今天提倡的民族化不只是一个空洞的概念，也更为迫切地要求我们吸取世界园林的艺术成就和科技成果，紧紧地和民族传统结合起来。元明清时期的园林为我们了解民族传统提供了极大的帮助。

当我们看到一座林木茂盛的园地而发出由衷地赞叹时，却要不断提醒自己意识到，这座园林是历经多少岁月才形成的，我们欣赏的是很久以前的设计成果。这种表现上的滞后在宋朝以后显得尤为明显。元明清时期是离我们最近的年代，园林保存最多，给我们留下了古代造园的实例，但我们参观这些实例后的赞美却不应当仅仅留给这 700 年中的人们。他们视继承重于创新，尽管小革小改并不曾停顿，大的风格上的突破却再也难以见到了。一方面，这并不该由造园家们来负全部责任，我们对园林史的研究也并不是要在各个时期、各个地区之间分出孰是孰非，比较的目的是为了探讨出各自的经验和教训，对我们今后的发展方向有所教益。另一方面，我们也应当承认元明清时期园林只是宋朝园林的简单延续，没有保持住高速发展的势头。由此开始中国园林发展缓慢，但也形成了独特的风格。

清朝更以天朝大国自居。清朝是封建社会没落衰亡的时期，政治上的守旧导致了文化发展的停滞，文学上再也没有唐诗的博大雄浑和宋词的清新精巧。绘画上师承古人，越来越多地为宋朝山水画的形式所局限，门派之见愈见浓厚，使得作品风格单一。所有这些对园林造成了消极影响，使之只能在唐宋文人写意山水园的基础上继续发展。虽然西洋画派和造园学也曾在统治者面前展示出新的艺术形式，当时的社会却如同一个垂暮老人难以消化那些生脆鲜灵的食物了。但我们同时也应看到中国一成不变的风格塑造呈现给世界一个鲜明富有个性的形象。

客观地讲，东西方统治者在自己的宫苑中互相模仿并没有产生精彩之作，但在这个过程中人们受到的启发是巨大的。法国人至今不认为自然风景园是英国人的专利，相比较而言，他们更推崇中国是这种风格的开端。16 世纪中叶欧洲就开始将中国园林的景物（桥、宝塔、山等）加以仿制，这较圆明园西洋水景的修建早了约 100 年。这表明了欧洲人对外来文化的重视。他们吸取的经验教训较我们的前人要丰富得多，今天的我们更应注意吸取我国园林遗产的精华。

（二）中国近代、现代公园

1. 中国近代公园

（1）租借地中的公园。这些公园为外商或外国官府所建，主要对外侨开放，已在 20 世纪初陆续收为国有。主要有如下几处：上海滩公园亦称外滩花园（1868 年建），在黄浦江畔；上海法国公园（1908 年建），又称顾家宅院，现为复兴公园；虹口公园（1900 年建），在上海北部江弯路，现为鲁迅纪念公园；天津英国公园（1887 年建），现为解放公园。天津法国公园（1917 年建），现为中山公园；在上海的还有华人公园、新公园、纪念公园等数处。

（2）中国政府或商团自建的公园。主要有齐齐哈尔的沙龙公园（1897 年建）；无锡的城中公园（1906 年建）；万生园即北京农事试验场附设公园（1906 年利用原府第改建），现为北京动物园的一部分；成都的少城公园（1910 年建），现为人民公园；南京的玄武湖公园（1911 年建）；南京的江宁公园（1909 年建）；广州的中央公园（1918 年建），现为人民公园；广州的黄花岗公园（1918 年建）；四川万县的西山公园（1924 年建）；重庆的中央公园（1926 年建），现为人民公园；南京的中山陵（1926 年建）。

（3）利用皇家苑园、庙宇或官署园林经过改造的公园。有北京城南公园（原先农坛，在 1912 年开放）；北京中央公园（原社稷坛，在 1914 年开放），现为中山公园；颐和园（1924 年开放），北海公园（1925 年开放）；四川新繁的东湖公园（1626 年开放）；上海的文庙公园（1927 年开放）等。抗战前夕全国大致有数百处各类公园。尽管在形式和内容上极其繁杂，但面向市民这一点开始确立了。

这一时期在公园和单位专用性园林的兴建上开始有所突破，在引入西洋园林风格上有所贡献，对古典苑园或宅园向市民开放开始迈出一步。这些在园林发展史上是一次关键性的转折。

2. 现代公园、城市园林绿化

近年来，住房与城乡建设部积极推进节约型、生态型、功能完善型园林绿化建设，城市园林绿地总量稳步增长，园林布局日趋均衡，城市绿化美化水平明显提升，综合功能不断完善，城镇人居环境持续改善。截至 2014 年底，全国城市建成区绿化覆盖面积达 190.8 万公顷，比 2013 年增加 9.6 万公顷；人均公园绿地面积 12.6m^2，比 2013 年增加 0.38m^2。全国建成区绿化覆盖率、绿地率分别达 39.7% 和 35.8%。与此同时，湿地的保护力度进一步加大，2014 年，全国湿地总面积 5360.3 万公顷，湿地率为 5.9%；我国森林面积和森林蓄积也持续增长，森林质量逐步提高，生态功能继续增强。全国森林面积 2.08 亿公顷，森林覆盖率 21.63%，森林蓄积量 151.37 亿立方米，森林每公顷蓄积量 89.79m^3，全国森林植被总碳储量 84.27 亿吨，生态服务功能年价值超过 13 万亿元（2014 年中国国土绿化状况公报）。

节约资源能源、改善生态环境、促进人与自然的和谐相处也慢慢成为现代城市园林绿化发展的重要目标，这也要求园林绿化走节约型园林绿化道路。节约型园林是一种促进人与自然和谐相处的园林绿化模式，它倡导可持续发展追求高效率低成本这种模式顺应了时代发展的潮流迎合时代发展主题。并且，在城市化进程不断推进的背景之下人们越来越重视城市居住的舒适度和环境的优越度，这些要求也刺激了园林绿化产业的不断发展。同时这些需求也将园林绿化产业逐步引向生态园林建设，这也将会是园林绿化产业未来的发展趋势。

中国的园林事业有极好的发展前景。我国有博大精深的园林艺术理论，只要继承中国造园艺术的优良传统，学习借鉴外国造园艺术的精髓，结合时代特点，就可以创造出具有中国现代特色的优秀园林。

（三）中国园林的特点

1. 中国古典园林的风格

中国古典园林不仅有悠久的历史和璀璨的艺术成就，且因其具有独树一帜的风格，从而极大地丰富了人类文化宝库。中国古典园林风格是以山水造景著称于世的，这种风格早在六朝时期就已形成，比西方 18 世纪兴起的英国风景园，大约早 1500 年。

在六朝时期，道教和佛教学说盛行，士大夫阶层普遍崇尚隐逸，向往自然，寄情于山水。东南一带秀丽的风景，相继开发出来，提高了人们对自然的鉴赏能力，造成崇尚自然的思想文化潮流。歌颂自然风景和田园风光的诗文涌现于文坛，山水画也开始萌芽，影响到哲学、文学、艺术和生活方式，也影响到中国古典园林的风格。

深居庙堂的官僚士大夫们，不满足于一时的游山玩水，他们希求长期享受大自然的山林野趣，不出市井，于闹处寻幽；不下堂筵，坐穷泉壑，于是利用宅旁隙地造园。由于受地段条件、经济力量和封建礼法的限制，规模不可能太大，唯其小，又要体现千山万壑的气势，又要有曲径通幽的野趣和诗情画意的四时景观，这个矛盾经过历代匠师的努力，把山水画的画理与造园实践相结合，进而出现了一系列造园手法，使园林也能像绘画一样，“竖划三寸，当于切之高，横墨数尺，体百里之远”（南朝宗炳《画山水序》）。挖湖堆山、植树种草，在咫尺之地，再现一个精练、概括的自然，典型化的自然，即是缩景园。这种能于小中见大的精致的造园艺术，也影响及于皇家园林。中国古典园林沿着这条道路在更高的水平上向前发展，到明清时期而臻于十分成熟的境地。人所共知的苏州园林和北京的颐和园，就是那时期的私家园林和皇家园林的代表作品。它们集中地展示了中国古典园林的两种主要形式——人工写意山水园和自然山水园在造园艺术和技术方面的造诣和成就。

2. 中国古典园林的特征

（1）力求神似。我国古典园林的自然风景是以山水为基础，以植被作装点的，山、水和植被乃是构成自然风景的基本要素。但中国古典园林绝非简单地利用或模仿这些构景要素的原始状态，而是有意识地加以改造、调整、加工和剪裁，从而出现了一个精练、概括的自然，典型化的自然。在造园艺术和手法上达到“本于自然，高于自然”“虽由人做，宛自天开”的境地。像颐和园一样的天然山水园则力求“自成天然之趣，不烦人事之工”。总之，本于自然、高于自然是中国古典园林创作的主旨。

提起中国古典园林，人们会很自然地联想到楼台亭阁、假山池沼、曲径小路、嘉树奇观。这些联想是符合事实的，它正表明我国古典园林所具有的立体形象和多种艺术风格。

宋朝画家郭熙说：“千里之山不能尽奇，百里之水岂能皆秀……一概画之，版图何异？”我国江苏省有遗存的古典园林中的假山造景，并不是附近任何名山大川的具体模仿，而是集中了天下名山胜景，加以高度概括与提炼，力求达到“一峰山太华千寻，一勺水江湖万里”的神似境界，就像京剧舞台上所表现的“三两步行遍天下，六七人雄会万师”，意在力求神似。

（2）诗情画意。诗情画意是中国古典园林的精髓，也是造园艺术所追求的最高境界。亦即说，园林艺术的精髓，在于所创造出来的意境，这正是中国古典园林艺术最本质的特征，为西方所不及。一座山能看出太华千寻，一勺水能想象成江湖万里，这就是意境的效果。

园林意境的确切定义，应是通过构思创作，表现出园林景观上的形象化、典型化的自然环境与它显露出来的思想意蕴。意境是一种审美的精神效果，它虽不像一山、一石、一花、一草那么实在，但它是客观存在的，它应是言外之意，弦外之音，它既不完全在于客观，也不完全在于主观，而存在于主客观之间，既是主观想象，也是客观反映，即艺术作为意识形态是主客观的统一，两者不可偏废。意境具有景尽意在的特点，即意味无穷，留有回味，令人遐想，使人流连。

中国古典园林名之为“文人园”，古园之筑出于文思和画意，古人诗文和山水画中的美妙境界，经常引为园林造景的题材。圆明园的武陵春色一景，即是模拟陶渊明《桃花源记》的文意，而把一千多年前的世外桃源，形象地再现于人间。如果说，中国山水画是自然风景的升华，那么园林则是把升华了的自然山水风景，再现于人们的现实。

山水园林比起水墨丹青的描绘，当然要复杂得多，因为造园必须解决一系列的科学和技术问题。再加上造园材料、山石、水体和植物，都不能像砖瓦那样有固定的规格和形状，摆放这些材料十分困难，而且游人与景物之间的观赏距离和观赏角度也难于固定，园中景物很难做到每一个角度都能达到如画的要求，而优秀的园林确能予人以置身画境，产生画中游的感受。诗文与绘画是互为表里的园林景观能体现绘画意趣，同时也能涵咏诗的情调。景、情、意三者的交融，形成了我国古典园林特有的魅力，也是形成我国古典园林独特风格的又一个非常重要的原因。

（3）建筑美与自然美的融揉。早在秦汉时代，就已将物质生活与人们对自然的精神审美需要结合起来，在自然山水中不断建造苑囿、山庄、庙宇和祠观等，人工建筑景观将山水点染得更富于中国民族特色和民族精神，起到了锦上添花的作用。明人曾有“祠补旧青山”之句,这个“补”字十分恰当地说出中国建筑与自然山水的有机结合，人工景观与自然景观巧妙地融合。

中国古典园林建筑类型丰富，有殿、堂、厅、馆、轩、榭、亭、台、楼、阁、廊、桥等,以及它们的各种组合形式,不论其性质和功能如何,都能与山水、树木有机结合,协调一致互相映衬，互相渗透，互为借鉴。有的建筑能成为园林景观中的主题，成为构图中心，有的建筑对自然风景起画龙点睛的作用。建筑美与自然美的互相融合，已达到了你中有我、我中有你的境地。

（4）意境的蕴涵。园林艺术毫无例外的同诗、画等其他艺术门类一样，都把意境的有无、高下作为创作和品评的重要标准。园林艺术由于其与诗画的综合性、三维空间的形象性，其意境内涵的显现比其他艺术门类就更为明晰，也更易于把握。

意境的蕴涵既深且广，其表述的方式必然丰富多样，归纳起来，大体上有以下3种不同的情况。

①借助于人工的叠山理水把广阔的大自然山水风景缩移模拟了咫尺之间。所谓“一峰山太华千寻，一勺水江湖万里”。

②预先设定一个意境的主题，然后借助于山、水、花木、建筑所构成的物境把这个主题表述出来，从而传达给观赏者以意境的信息。例如，神话传说、历史典故等。

③意境并非预先设定，而是在景园建成之后再根据现成物境的特征做出文字的“点题”——景题、园、联、刻石等，如杭州西湖曲院风荷。

3. 中国传统园林构景艺术方式

传统的构景艺术有以下两种不同的构景方式。

（1）以人工造景为主，天然景观为辅。大多数私家园林，如苏州的网师园、留园、拙政园等，又如皇家园林中的某些小园，如颐和园中的谐趣园、无锡的寄畅园等。这些园林并不是直接欣赏自然，而是把自然风景高度概括和提炼，利用山石、水池、树木、花草等自然素材，构成象征性的景观，给人以美的享受。

（2）以天然景观为主，人工景观为辅。大多数寺庙园林，都建筑在风景奇丽的名山峻岭上，在这里能直接欣赏大自然的本来面目，其中建筑物只是风景的点缀。这种园林的特点，是以自然的山水作为风景主体，人工艺术的建筑庭园只是作为大自然山水的烘托和陪衬，二者相得益彰，天然美与艺术美融为一体。如颐和园和避暑山庄以及一些寺庙园林如杭州灵隐寺，镇江金山寺，四川乐山大佛寺，浙江普陀山的观音寺等。

这两种构景方式中，人工对环境的艺术加工程度，起着不同的作用，前一种构景方式或是通过写意手法再现自然山水，或是以人工点缀美化建筑环境；后一种构景方式则在自然景观的基础上，通过“屏俗收佳”的手法，剪辑、调度和点缀山林环境，使景色更加集中，更加精练从而美化自然山水，创造出高于自然的优美环境。

4. 中国传统园林艺术对世界的影响

早在公元 6 世纪，我国传统园林艺术通过朝鲜传入日本。日本园林承袭了秦汉典例，在池中筑岛，仿照中土的海上神山。600 年后，日本又从南宋接受了禅宗和啜茗风气，为后来室町时代（1338~1573 年）的茶道、茶庭打下精神基础。宋、明两朝的山水画作品被日本摹绘，用作造庭庭稿，通过石组法，布置茶庭和枯山水。室町时代的相阿弥合江户时代（1603~1867 年）的小掘远州，把造庭艺术精练到近乎象征和抽象的表现，佳人青出于蓝的境地。崇祯七年（1634 年),《园冶》一书出版后流入日本，被称为《夺天工》，作为造园的经典著作，为造园者必读。明臣朱舜水亡命日本，他擅长造园，今东京后乐园中还存留着朱氏遗规如圆月桥、西湖和圆竹等被称为江户名园。日本庭园建筑物的命名、风景题名和园名等全用古汉语表达，足见受中国影响之深。

欧洲规则式园林，16 世纪起始于意大利，影响到法国和英国。随着海外贸易的发展，欧洲许多商人和传教士来到中国，把中国的文化包括造园艺术带到了欧洲，引起欧陆人士极大关注。由中国出口瓷器上的园景和糊墙纸上刻印的亭馆山池版画，都有助于西方对中国园林的了解。因而法国在 16 世纪就有仿中国的假山，17 世纪有人造风景园。1743 年，法国传教士王致诚（1722~1768 年）由北京致巴黎友人函，描述圆明园美妙景物，称之为“万园之园，唯此独冠”，并把圆明园和避暑山庄的风景绘制成册，带回巴黎，从而轰动了整个欧洲。仅巴黎一地就建有中国式亭、桥园林 20 多处。英国皇家建筑师威廉姆钱伯斯（1723~1796 年）于 1761 年在丘园建有一个高达 84.8m 共十层的中国式塔，并于 1772 年著《东方园林评述》一书。德国柏林波茨坦无愁宫苑中有中国茶厅，其他地方有用龙宫、水阁和宝塔等建筑点缀园林。18 世纪，英国风景园蓬勃发展时期，法国人把中、英两国的庭园作比较，发现两者的本质是一致的，因而创造了“英华回庭”一词。

党的十一届三中全会以后，我国实行了改革开放政策。1980 年 1 月，在美国纽约中心曼哈顿大都会博物馆北翼二楼，建造了一所苏式庭园称为明轩，开创了我国园林出口为国争取外汇的先例。1983 年 4 月 28 日，我国在慕尼黑首次以园林建筑实体参加了国际园艺展览会。仅20天时间就建造成一座有石舫、分庭、门廊等组成的中国园林，受到当地各界的高度评价。从此以后，我国相继成立了许多古典园林出口公司。美国、英国、加拿大、菲律宾等国家竞相订购。我国古典园林以其独树一帜的风格，在世界各地重放光彩。

随着我国园林事业的发展和改革开放政策的实施，以及世界各国友好往来的增多，我国的园林事业开始走向世界，为祖国争光，为联络各国人民友好感情做出自己的应有贡献。继苏州古典园林建筑“明轩”在美国安家落户，又有广州的“芳华园”、北京的“燕园”、沈阳的“沈芳园”“沈秀园”和上海的“友谊园”在德国、英国和日本等地建设开放。不仅宣传了中国优良的造园技术和独特艺术风格，还增进了各国人民的相互了解和友好情谊，为社会主义祖国争了光。

5. 中国园林的特点

（1）从中国园林的起源、发展中可知，中国园林的特点是以自然式著称。唐宋写意山水园，对形成中国园林自然式传统起了重要作用，至明清江南私家园林则继承和发展了这个传统。

（2）中国园林除符合一般规律以外，与诗词、山水画等有密切联系。园林中的“景”，不是纯天然的模仿，而是赋予诗情画意，即将自然山水景物经过艺术提炼加工，再现于园林之中。所以，中国传统园林重于“立意”，创造各种不同的意境。

（3）中国园林还常采取“园中有园”“小中见大”的布局手法。在历代私家园林中又创造了咫尺山林，经常运用含蓄曲折的空间组景手法。

中国园林建筑数量特别多，且多占据主景或控制地位，居于全园的艺术构图中心，且往往成为该园之标志。

（4）中国园林还善于因地制宜，即根据南北方自然条件的不同而有南方园林与北方园林之不同，而各有其特点，现在中国园林已逐步形成北方园林、江南园林、岭南园林、巴蜀园林以及各少数民族地区园林等的地方风格，如布达拉宫（彩图8）。

不同地区的园林风格如下：

①江南园林。凝练素雅、秀丽、追求园林的“诗情画意”。

②北方园林。中轴线式规划布局，凝重严谨，庄严稳重。

③岭南园林。建筑比重大，注重水的应用，布局密集、紧凑。

④巴蜀园林。以“文、秀、清、幽”为风貌，园林风格质朴。

（5）中国古代长期的园林景观设计实践中，在优秀的古典园林体系的形成过程中，也产生了许多造园的行家里手，明末造园家计成就是其中的佼佼者。他结合自己的造园实践，创作了被称之为中国园林艺术第一名著的《园冶》，是集美学、艺术、科学于一体的中国古典园林艺术典籍。

《园冶》中提出，园林作品应当是“虽由人作”“宛自天开”的“天然图画”；造园应做到富于诗情画意，“寓情于景”“情景交融”，并要“巧于因借”“精在体宜”等造园的重要原则。《园冶》一书集中反映了中国园林传统的造园思想，对于学习、研究、继承、发扬我国优秀的园林艺术和园林景观设计思想，起到重要作用。

我国历代有关园林景观设计的专著与论述问世的甚多，其中应首推明代计成所著的《园冶》。此外，尚有明末文震亨的《长物志》和曹雪芹的《红楼梦》中有关大观园的评述等。

（四）中国古典园林的继承与发展

1. 如何正确对待古典园林

中国古典园林是封建社会条件下的产物，是当时社会物质文明和精神文明的反映，也反映了那个时期的政治、经济、文化艺术和科学技术水平，是我国园林发展史上的重要里程碑，是我国园林艺术和技术上的光辉成就。因此，在园林事业大发展的今天，复古和仿古之风大盛。但是如果我们对古典园林认真地加以分析，不难看出它们普遍存在着如下问题。

（1）用为人民服务的观点去分析。常被称颂的苏州园林原是为园主人及其眷属服务的。因其环境容量和内部设施都无法适应众多的游人，即使是皇家园林，也只能适应少数人游览，对日游量达数万之众的游人很难适应，没有也根本不可能为现代游人留下足够活动或回旋的余地。苏州园林中游人的摩肩接踵现象，足以表明其不能适应现代人的游览方式，只能作为一种历史文物重点保护，供人们欣赏和研究，而不能用以替代公园的功能。

（2）从审美观点分析。不同时代人们有不同的审美观，现代人们利用节假日，乘飞机和车船等交通工具走出家门，前往名山大川、风景名胜区去游览，直接欣赏大自然的风光美景。当人们的物质享受得到满足之后，他们的趣味就也发生了纵深变化，转向去追求大自然的山林野趣。沐浴着金色的阳光，呼吸着清新的空气，百草芬芳、万壑鸟鸣、流水潺潺、万紫千红，这对久居闹市的人们而言，无疑是一种至高的享受。

（3）从生态学观点分析。大部分古典园林在某种意义上是建筑空间的向外引申。在建筑物之间有限的空间里，充斥着大量的园林建筑、山石和水体，植物在其中仅起着点缀作用，对整个城市环境效益，并无多大作用。

（4）从经济观点分析。建筑庭园的造价，远远高于植物造园所需。因此，应在充分考虑经济状况的前提下进行拓展。

2. 如何继承与发展古典园林

在园林建设中，弘扬传统文化实际上包含双重内容：其一是继承，即以现存的定型的文化为核心，对园林景观进行再现和挖掘，旨在沟通人民对园林意境的感受，情趣的陶冶以及历史文化的传播等。其二是发展，没有发展也谈不上弘扬，继承便成了重复和抄袭。我们提倡的发展是指继承基础上的发展，没有继承也就无所谓发展。发展是在传统园林文明的基础上注入新的现代的“民族文化心理结构”，去创造新的园林景观。

就宏观而言，人类社会的文化发展表现为持续地推陈出新。中国古典园林产生和发展受当时的自然观和宇宙观以及社会环境、自然环境、文化环境等的制约和影响，时至今日园林存在和发展的主客观环境均发生了显著变化，但对待古典园林这一优秀历史文化绝不能采取“抽刀断水”的态度，而应当以继承发展的眼光，根据新时期人类生存生活环境建设的特点与需要，弃其不足，扬其优势，在继承古典园林艺术的基础上向前发展。随着现代人观念的改变，随着现代高科技的发展，园林设计就必须考虑人和社会心理因素的变化，考虑新材料的运用，考虑西方园林的影响，考虑机声光电等高技术的应用，在传统园林文化的基础上，创造出具有时代印痕的现代园林。

二、外国园林发展概况及特点

（一）外国园林发展概况

美国心理学家马斯洛（A.H.Maslow）将人的需求分为五种，其层次由低到高分别是：生理需要、安全需要、归属和爱的需要、尊重需要、自我实现的需要。对美的渴望也是一种自我实现的需要。

公元前三千多年的地中海东部沿岸、古埃及产生了世界上最早的规则式园林。地中海东部沿岸地区是西方文明发展的摇篮。尼罗河沃土冲积，适宜于农业耕作，但国土的其余部分都是沙漠地带。对于沙漠居民来说，在一片炎热荒漠的环境里有水和遮阴树木的“绿洲”作为模拟的对象。尼罗河每年泛滥，退水之后需要丈量土地，因而发明了几何学。于是，古埃及人也把几何的概念用之于园林设计。水池和水渠的形状方整规则，房屋和树木都按几何形状加以安排，是为世界上最早的规整式园林设计。古巴比伦、波斯气候干旱，重视水的利用。波斯庭园的布局多以位于十字形道路交叉点上的水池为中心，这一手法为阿拉伯人继承下来，成为伊斯兰园林的传统，流布于北非、西班牙、印度，传入意大利后，演变成各种水法，成为欧洲园林的重要内容。

1. 西方园林

欧洲、西亚和东亚、南亚形成并发展了人类三大宗教——基督教、伊斯兰教、佛教。无独有偶，园林也发展为西方、西亚、东方三大流派。据学者考证，“天堂”一词在英语和波斯语中都是“豪华花园”的转化。可以看出人们从自然中捕捉到美的信息之后，便以此构筑了理想中的天国并迫不及待地在现实世界中实现它，一旦不尽如人意又开始新的一轮循环，无休无止，直至今日。

（1）古希腊园林。希腊作为欧洲文化的发源地，在历经了外部及内部频繁的战乱后，于公元前5世纪进入了相对和平繁荣的时期，园林便随之产生并发展。

在园林形成初期，其实用性是很强的，形式也比较单一，多将土地修整为规则式园圃，四周用绿篱加以划分范围。种植以经济作物为主，栽培果品、蔬菜、香料和各种调味品。这是园林产生之初比较主要的表现形式。据载古希腊时期已经产生了初步的园林规范，有包含500多种植物的植物志，如鸢尾、紫罗兰、芍药已广泛加以运用，此时园林工程师开始出现。

古希腊通过波斯学到西亚的造园艺术，发展成为住宅内布局规则方整的柱廊园。中庭式柱廊园是当时的又一种形式，园地四周由建筑围合，和我国内向的私家园林略有相同之处，但地面多加以铺装，后期设有水池、花池等景物，芳香植物应用较多，中心庭园成为重点之一，这也是由于当地气候条件较好的缘故。希腊泉水资源丰富，公元前10世纪就开始出现喷泉，在园林中和雕塑应用在一起，成为雕塑的另一主要结合对象，对紧随其后的古罗马时期产生了深远的影响。

与以上两种形式不同，公共园林是依附于公共建筑供公众使用的。由于当时文学艺术繁荣，民主气氛浓厚，广场、剧院、树林、体育场遍布各地。希腊人喜爱体育活动，竞技场内用于训练，而休息设施如棚架、座椅多设在场外的园林绿地中，已有了现代体育公园的雏形，在当时构成公共园林的主体。阿冬尼斯花园（Adonis Garden）是公共园林的另一形式。在阿冬尼斯节这一天，妇女们在房上塑出阿冬尼斯神像，周围摆上植物。这一仪式，后来转移到地面上进行，植物材料也逐渐以鲜花为主。西方雕塑和鲜花结合的传统即由此而来。

当时著名的哲学家亚里士多德曾说："宇宙在于秩序、对立、统一、协调，任何事物都有多样统一，任何事物应有一定安排，有一定的度量"。这代表了当时的主要倾向，即园林应纳入建筑范畴，在衬托规则式的住房、学校、竞技场时只能表现为建筑的延续，故在古希腊园林里规则式是绝对必要的，它直接为人们的活动空间服务。无论我们今天如何评价，它们很多形式和手法被后人公用和借鉴，其地位是永恒不朽的。

（2）古罗马园林。继古希腊之后，古罗马成为欧洲最强大的国家，公元前2世纪开始，由亚平宁半岛向外扩张，地跨欧亚非三大洲，地中海成为罗马帝国的内湖。希腊于公元前190年被占领，在此之前古罗马园林几乎是一片空白。历史上文化先进的地区被其他地区征服屡见不鲜，征服者往往在被征服者的影响下被同化。古罗马园林基本继承了古希腊园林规则式的特点并对其进行了发展和丰富，做到了青出于蓝而胜于蓝。罗马继承古希腊的传统并着重发展了别墅园（Villa Garden）和宅园这两类山庄园林。

意大利中南部自然条件温暖湿润、雨量充足、土壤肥沃，多为丘陵山地，台地园开始出现，这是建筑和园林的结合体。富人在郊外的别墅，位于背山面海、视线开阔、小气候条件较好的地域上，供人居住、散步、骑马远游。种植上和赫图斯园艺

（horticulture，类似古希腊园圃，以果、菜为主，具实用性）不同，花园占比重较大。绿篱的使用被沿袭下来，产生了模纹花坛，由台地上可观看全貌，植物修剪业也较为发达。通过对庞贝城遗址的发掘，人们发现古希腊中庭式柱廊园被继承下来。古罗马人认为水是清洁、灵性的象征，庭园中水池很多，浴场比比皆是。

古罗马人并不仅仅满足于模仿，哈德良山庄（V.Hadrian）是皇帝的庄园，距今已有多年的历史。喷泉和柱廊结合，为后人所效仿；餐桌旁用水流运送食物，可起到冰镇作用。古罗马人已开始了对田园意境的追求，这是从前少见的，园林中的葡萄园、稻田已不再具有强烈的功利性。

当时还有了以云母片为材料的温室，使得植物材料更为丰富。有记载的植物便有上百种，市场中有月季市场，园林中有月季园，整个园林水平无论从艺术性和技术手段上都较古希腊有了明显的提高，赢得了后人敬佩。它们历经千年而未被埋没，为文艺复兴中意大利台地园的发展提供了有益的启迪和丰富的摹本。

（3）中世纪园林。中世纪的欧洲分裂成许多个大小不等的封建领地，诸侯权力有限，而教会借此发展为拥有强大物质和精神力量的政治势力，开始不择手段地维护自己的神权统治。宗教产生时的进步意义已不存在，剩下的只有静穆的顺从和血腥的镇压，大多数艺术在这样的环境里是难以得到发展的。人们多将这一段近千年的历史称之为“黑暗的中世纪”。

在这期间，城堡和修道院成为人们的活动中心。教会作为知识的拥有者，决定了园林的形式。在小农经济自给自足的影响下，园林以实用性为主。在城堡内部，规则式的药圃是不可缺少的，菜园也设在其中，其他作物设在城外。与从前各个历史时期相比较，严格意义上的园林并不很多，也缺乏影响力。这段时期是西方园林史上最漫长的一次低潮，当文艺复兴唤醒了人们的热情后，园林事业又开始了更快的发展。

（4）文艺复兴时期的园林。宗教在文化上的统治并不能使人们丧失追求，相反，正是教会势力中心之一的意大利最早摆脱了文化上被奴役的状态。意大利城市发达，航运便利，有利于工商业发展，产生了资本主义萌芽。威尼斯建立了城市共和国。在马丁·路德宗教改革前三百多年，意大利有些教派就开始要求宗教适应人的生活本性。同时期，天文、地理等科学上的发现层出不穷，使教会以迷信推行的愚民政策开始破产。人的需求压倒了苦行修炼而成为生活的第一内容。人成为社会的中心，人文主义开始产生。古罗马昔日丰富的文化遗产，辉煌的业绩，使人们急于摆脱宗教呆板的束缚，以求创造出情感丰富的艺术形象。佛罗伦萨是当时经济最发达的城市，资产阶级富商利用民众对古罗马的崇拜，建立起自己的文化与之相适应，起到了巩固政权的作用。如美第奇（Medici）家族就曾是达·芬奇（Leonardo da Vinci）、米开朗琪罗（Buonaroti Michelangelo）等著名艺术家的保护者和支持者，艺术家的头脑和雄厚的物质保障使众多的优秀艺术作品得以出现。

僧侣学者、建筑师阿尔伯蒂（Leon-Battista Alberti）是当时最伟大的园林理论家。在指导思想上，他提出了实用、经济、美观的原则；在设计思路上，他摒弃了纯实用的观点，提倡适当的装饰，认为果树不应种植在园林中；同时又避免奢华炫耀，认为园林首先应注意是否方便实用。他主张协调是美的最高境界。他强调整体和局部、局部和局部之间关系和谐并使优雅、活泼的气氛能贯穿始终，尤其强调草地的作用，使园林中植物要素按乔木、灌木、草本的层次结构进行布置的手法在理论上得以形成。他还力图让人们意识到草坪上的潺潺流水可以带来享受，意识到除喷泉等形式外，自然化的水景更是为人们所需要的，这无疑大大提高了园林理论水平和人们的审美情趣。尽管在当时他形单影只，符合这理想的时间作品不久还是出现了。

米凯劳齐（Michelozzo Michelozzi）设计的美第奇（费索勒）庄园（V.Medici at Fiesole）表明当时设计已达到了一定水平。它按照地势分为三层，均呈长条状，建筑放在最高层并偏于一侧，避免在中间显得呆板或在尽端感到闭塞，使空间分隔得富于变化；庭后是正方形水池；庭前是长方形绿地，按广场、树丛、行道树依次布置，给人以亮—暗—亮的节奏感。走道在两旁，显得中部宽敞；进深大，更显建筑庄严。建筑在最高层可眺望远处景色。中层最窄，以藤萝架作为一、三层中间的停顿。最下层以中心喷泉配合修剪过的绿色丛植灌木（绿丛植坛），形成图案的效果，这种效果对于俯视最为合适。在各部分的位置布局上，美第奇庄园是很成功的。

16 世纪，法兰西的入侵和美洲航线的开辟使佛罗伦萨失去了贸易中心的地位，意外的是正是教会为了恢复在精神领域中的权威地位，网罗了众多的艺术大师，为其修建了富丽堂皇的园邸，其中著名的有埃斯特庄园（V.de Este）、朗特庄园（V.Lante）和法尼斯庄园（V.Famese）。

埃斯特庄园是按绿化—水池—喷泉—建筑的序列安排的。绿化带由内到外分别为喷泉小广场、四株 63m 高的丝杉、绿丛植坛、乔木林和草坪。绿化手法丰富，明—暗—明的光影变化消除了单调感。美第奇庄园的喷泉主要靠喷泉中精雕细琢的雕塑吸引人们的注意，而埃斯特庄园则在喷泉本身的处理上进行了大量创新。喷泉上设计了会环绕水轴鸣叫的机械鸟。平静的水池紧挨树丛，可观倒影，流动的水道形成了瀑布，缓流和瀑布的跌落形成了音响高低大小的对比并可冲击编萧发声，称为水风琴。喷泉、小运河、水池共聚一园在音响和光影的变化上不相雷同。

朗特庄园分为四层，最下层依然是绿丛植坛，之上是主体建筑，最上两层是水景园。绿丛植坛中心是圆形喷泉和四个水池的组合，喷泉中心是四位裸体青年托起族徽（顶部有星星的三座山）的雕塑。水池四周有四只船，每只船上有一座剑客塑像。这座水池是本园轴线的第一个高潮，这条轴线贯穿始终，就连位于第二层的主体建筑也只好位居两旁，这在当时是非常独特的。在主体建筑的庄严和全园景色的气魄中，设计师最终选择了后者。在实用性很强的庄园中，园林部分作为一个整体表现出和谐、自然的艺术感染力，已经开始让其他相对无关的因素服从于自己的需要。第三层和第四层利用高差使水由石雕中流出，经喷泉、链式水扶梯、瀑布、运河，最后注入水池，形成了有动感的中轴线。它以水由岩洞发源到奔流入海的全过程为摹本，不再是由人随心所欲地进行安排，开始了人工景观效法自然的过程。

法尼斯庄园的特点是灵活运用地形。由于它前半部是坡地而后半部较平（与朗特庄园正相反），便因地制宜，将一座水梯设于坡地上，两边设置河神塑像。台地上安排规则的植物种植和通常的台地园不同，以平视效果为主。

这一时期，中世纪园林中的实用作用依然存在，在此之上又有了发展。随着美洲大陆的发现，更多植物被发现，医生们在威尼斯帕度亚大学（University of Padua）学习植物学。为了方便教学，大学于 1545 年设立了植物园，随后各地均有效仿。

除此之外，意大利名园在细部（如视景焦点、花坛纹样）的处理上也是丰富的，但杰作的诞生往往招致抄袭的加剧，文艺复兴后期的园林在总体设计上创新不够，刻意于细部的雕琢，使其陈旧凝固起来，未能深入发展。

意大利台地园是新的社会阶层创造性的产物，具有鲜明的个性。炎热的气候决定了庄园应建在依山面海的坡地上，以利陆、海间气流交换而保持凉爽。降温是水景频繁出现的最实用的动机。意大利人充分利用高差创造了多种理水方法。对古罗马人追求宏大气魄的崇尚决定了主体建筑要有一定的体量，园地只能是其延续。为与之配合，多采用几何形状，这也决定了种植上将以整形和半整形树木为主。整形式的绿丛植坛在最下层，获得了较好视角。庄园外围则以半整形（在整形的地块上自然地种植树丛从而取得的半自然的效果）的方畦树丛成为整形庄园和周围天然环境的过渡。同时，当人位于最高层时视线升高，海天一色的巨大尺度使自然气氛压倒了人工气势，减弱了双方冲突中的势均力敌之感。人工环境只是自然环境的一小部分，从而使整形的园林和自然的风景得到了统一。意大利的强烈阳光，限制了艳丽花卉的应用。为了获得安宁清爽的感觉，常绿灌木成为庄中主景，同时也保证了修剪过的植物景观常年不变。方畦树丛也时常作为行道树，使主要路线上无阳光直射，较之行道树更显得灵活。植物叶色浓淡搭配也已受到重视，在建筑旁边选用叶色相似的植物逐渐过渡到天然丛林。意大利使西方园林在历经中世纪劫难后恢复了勃勃生机，并在造园手法上开始了更为精彩细致的探索。

15 世纪是欧洲商业资本的上升期，意大利出现了许多以城市为中心的商业城邦。政治上的安定和经济上繁荣必然带来文化的发展。人们的思想从中世纪宗教中解脱出来，摆脱了上帝的禁锢，充分意识到自己的能力和创造力。“人性的解放”结合对古希腊罗马灿烂文化的重新认识，从而开创了意大利“文艺复兴”的高潮。意大利半岛三面濒海而多山地，气候温和，阳光明媚。积累了大量财富的贵族、大主教、商业资本家们在城市修建华丽的住宅，也在郊外经营别墅作为休闲的场所，别墅园遂成为意大利文艺复兴园林中的最具代表性的一种类型。意大利文艺复兴式园林中还出现一种新的造园手法—绣毯式的植坛（Parterre）即在一块大面积的平地上利用灌木花草的栽植镶嵌组合成各种纹样图案，好像铺在地上的地毯。

特定的历史背景条件下造就了15世纪后期欧洲意大利半岛的独特理水方式诞生了园林小品。作为反映当时意大利知识阶层的审美理想的园林，追求和谐的美，也就是对称、均衡和秩序。他们把园林视为府邸建筑与周围大自然之间的“过渡环节”，力求“把山坡、树木、水体等都图案化，服从于对称的几何构图”。沿山坡筑成几层台地，建筑造在台上且与园林轴线严格对称；道路笔直，层层台阶雕栏玉砌；树木全都修剪成规则的几何形，即所谓“绿色雕刻”，花园中座座植坛方方正正，与水池一样讲究对称；一泓清泉沿陡坡上精心雕刻的石槽层层跌落，称为“链式瀑布”。

（5）法兰西园林。17世纪后期，法国在欧、亚、美洲夺取了大片领土，形成了强大的国王专制局面，并曾多次入侵意大利。军事目的虽未能达到，文艺复兴的建筑、庄园的形象却深深地打动了法兰西人。法国土地上，建筑依然是中世纪城堡形式，绿化更显得单调乏味，只有庄园外的森林用作狩猎场所。和教皇一样，为了表现自己的强大和权威，法国国王路易十四开始不满足于现状，转而寻求庄严壮丽的气氛。崇尚开放，流行整齐、对称的几何图形格局，通过人工美以表现人对自然的控制和改造，显示人为的力量。它一般呈具有中轴线的几何格局：地毯式的花圃草地、笔直的林荫路、整齐的水池、华丽的喷泉和雕像、排成行的树木（或修剪成一定造型的绿篱）、壮丽的建筑物等，通过这些布局反映了当时的封建统治意识，满足其追求排场或举行盛大宴会、舞会的需要。于是，西方规则式园林发展到顶点的标志——凡尔赛宫（Palais de Vermiller）诞生了。凡尔赛宫占地极广，有六百余公顷，是路易十四仿照财政大臣剖开的围攻园的样式而建成的，包括“宫”和“苑”两部分。

设计师勒诺特（Andre le Notre）将供饮食起居用的宫殿对称地排列在园东，以三条放射状大道和巴黎相连，使人可以由远而近领略凡尔赛宫的雄伟气魄。入园向西是绿丛植坛配以花卉镶边形成的绣花花坛，分布在东西向的中轴路两侧。路南部分和一巨大池塘及柑橘园相接，气势浩大，以开放为主。路北部分较为幽雅内向。紧挨绣花花坛群的是以路易十四最崇拜的太阳神阿波罗为主题的喷泉群。喷泉周围12块小园林密布喷泉、水池、花园、雕塑、凉亭等设施，丰富多彩，是凡尔赛宫的精华。如其中的水剧场在半圆形的舞台后接以三条高于地面的放射路，每条道路的中间是水扶梯和喷起的水柱，人在路两边挨着“水栏杆”行走。迷园是参照伊索寓言布置的，在变化莫测的园路交点上设计了39种喷泉，每个喷泉配以一种寓言中的动物雕像，新奇有趣。水棚是在路的一侧安置喷头，拱形水流由头顶流过喷到另一侧且使人不遭淋湿。此手法后为俄国人仿造在彼得夏宫（Peter-hot）。小园林群再向西是路中轴。长1560m、宽120m的大运河纵轴使低洼地带的积水得以排泄并加强了纵深感。另有一条长1013m

的横向运河与之交叉构成横轴线，显示了在宽度上的恢宏巨大。水面像镜面，具有扩大空间的作用（这种手法在我国江南私人园林中曾广泛得到运用）。整齐规整的人工水面更表现出华美豪放的风格。运河支撑起全园的骨架，仿佛要永久不停地映现出法兰西帝国的强盛。

设计师勒诺特继承了法国园林风格和意大利园林艺术，坚持整体统一的原则，使法国园林脱颖而出，取代了意大利，独树一帜，成为西方各国争先效仿的蓝本。

法国大部分位于平原，河流、湖泊较多，地形高差小。气温、阳光与意大利有较大差距。这就使瀑布叠水较少运用，绿丛植坛也只在高大宫殿的旁边布置，占全园很小比重并多以花卉应用于其中，不怕色彩绚丽而唯恐难以取得鲜艳夺目的效果。主体建筑占据统治地位，其前身是宽广的林荫大道和广场，满足了人们的心理，并可供数万人活动。但在各个局部中多利用丛林安排出巧妙的透景线，避免了平地上常见的一览无余之弊。无论从整体效果和各个局部游赏序列的组织上，勒诺特的安排都是匠心独运的。勒诺特经过半个世纪的实践，创造了凡尔赛宫及勒 - 维贡府邸这样的杰作，他把握住了法兰西社会跳动着的强劲脉搏。细部的变化上，凡尔赛宫也可称集人类智慧之大成，可以将铜制的树、草、天鹅等造型的喷泉小品和谐地共聚一堂。同时期的植物修剪技术更令人叹为观止，生活中的很多形象为其模仿得惟妙惟肖。大型落叶乔木作为背景时也可修剪（因法国无意大利天然整齐的常绿背景树），修剪技艺越来越好。同时，自然风格也日益为人所称道，大量不修剪的丛林应用于园中，园周围也以其作为绿色的画框。圆周无墙，远近景色融为一体，形成无限感。花卉和喷泉出现在室内，室外空间因活动需要亦可布置成“绿色的房间”。室内外空间开始相互渗透，人们开始将双手从宫殿伸向窗外的自然。

路易十四喜欢花样翻新，凡尔赛宫的修建旷日持久。经常性施工费用占到国家税收的六成，加剧了社会矛盾，最后导致了大革命的爆发。

巴黎除凡尔赛宫外，尚有万桑公园（Bois de Vincennes）、圃龙园（Bois de Boulogne）。

它们作为首次出现的公园在园林史上占有一定的地位。巴黎市重视街道绿化，城市的清新美丽为世界各国所瞩目。

（6）英格兰风景园和花园。13 世纪后期，新式火炮的出现使得城堡的防御功能消失殆尽，英国造园开始从封闭式的内向的城堡庄园走了出来。潮湿的海洋性气候使生机勃勃的树木遍布于绿草如茵的山坡，是庄园内的高地（称为“台丘”）的眺望对象，由于 17 世纪清教徒过分崇尚简朴，必要的装饰和布置受到禁止。直到意大利特别是法国园林的繁荣使强大的大英帝国感到相形见绌之下，才开始了模仿、思考和创新。但当时被认为自然奇妙的中国园林也传到欧洲，成为反击规则式园林的有力武器之一。

英伦三岛多起伏的丘陵，17、18 世纪时由于毛纺织工业的发展而开辟了许多牧羊的草场。如茵的草地、森林、树丛与丘陵地貌相结合，构成了英国天然风致的特殊景观。这种优美的自然景观促进了风景画和田园诗的兴盛。而风景画和浪漫派诗人对大自然的纵情讴歌又使得英国人对天然景致之美产生了深厚的感情。这种思潮当然会波及园林艺术，于是封闭的“城堡园林”和规整严谨的“靳诺特式”园林逐渐被人们所厌弃而促使他们去探索另一种近乎自然、返璞归真的新的园林风格——风景式园林。

英国的风景式园林兴起于18世纪初期。弯曲的道路、自然式的树丛和草地、蜿蜒的河流，讲究借景和与园外的自然环境相融合。为了彻底消除园内景观界限，英国人想出一个办法，把园墙修筑在深沟之中，即所谓“沉墙”。当这种造园风格盛行的时候，英国过去的许多出色的文艺复兴和靳诺特式园林都被摧毁而改造成为风景式的园林。

法国凡尔赛宫虽尽很大努力，喷泉用水和修剪用工也不能保持事倍功半之弊。英国气候使自然生长的植物景观更胜于人工规则式园林，故培根（Francis Bacon）早在法国式园林盛行之际即指出，整形植物仅可满足幼稚者的好奇心，而英国牧场风光的鸟语花香、阴晴明暗才孕育着无穷的生机。

在英国，不甘心受古典主义呆板手法禁锢的文学艺术家推动了浪漫主义的发展，英国浪漫主义的思潮也扩展到园林领域。诗人们歌颂国内清新自然的山水，英国风景学派开始尽情描绘朴素多变的景色。当时被认为自然奇妙的中国园林也传到欧洲，成为反击规则式园林的有力武器之一。

1713年布里格曼（eludes Bridgeman）开始将斯托府邸（Stowe）改建为自然种植树木、无院墙而代之以结构的新型庄园（图2-2-3）。虽然这种改建不很彻底，几何形体的树木和绿丛植坛依然存在，但将树木随意修剪为各种物景的华而不实的风格已经消失。1930年左右，肯特再次改建时将修剪过的植物和直线状的道路、水池一律抛弃，代之以弯曲的小径和流线型的水体，粗看上去和我国现代公园的平面颇为相似。其学生布朗（Lancelot Brown），第三次改造斯托府邸时清除了一切规则式的痕迹，造成了田园气氛，自此自然风景园开始在英国盛行，布朗也成为名噪一时的“改园能手”。他仿佛是为了与规则为敌而生，不仅对植物不加修剪，即使对于建筑旁边的平整的台地也要毁弃为草坡，墙壁也改为蛇行式。在英国几乎没有一座古典式园林能够得以幸免，这种不分情况强求一律为自然而自然的做法，不可避免地受到了人们的指责。

自然风景园当时并未有着成熟的技巧、娴熟的手法来表现丰富的合适题材，显得空寂，和原野无异。18世纪后期布朗的弟子雷普顿对老师的手法进行了修改，允许建筑旁保留完整的台地和较为规整的植物。

由于自然风景园并未能使人感到比天然原野具有更多的长处，丰富其内容便成了后人的主要任务。意大利和法国规则式园林又回到资产阶级暴发户庭院中，能够不厌其烦地进行雕琢，成为时髦的炫耀手段之一。即使在自然风景园中，雕塑、瓶饰等过去时兴的小品也不断出现，甚至日晷也被用来填补空白。尽管它们风行于一时，生命力毕竟是短暂的。直到观赏植物画被大量发现和应用，才最终使风景园完成了向现代园林过渡。

随着海外领地的拓展和对外联系的增多，英国引入了不同地区的奇花异草。至1805年时，牡丹、芍药、月季等我国著名品种大都流入英国，后来成为世界花卉的宝贵资源。自然科学如园艺学、植物学获得很大发展，为植物的应用提供了强大的动力。在广大小资产阶级中，小面积的花园较之大面积的自然风景园和代价高的规则式园林更易为人们接受，也为植物的推广孕育了巨大的市场。渐渐地，从综合性的花园分化出众多的专类园，如岩石园、沼泽园、水景园、高山园、鸢尾园、杜鹃园、芍药园等。

在历经几千年的发展之后，现代园林在英国和法国出现了。从此各种各样的园林形式如雨后春笋在世界各地出现，吸收了各地区园林精华而产生的英、法早期现代园林又成为各发达国家借鉴的对象。今天各国园林界百花齐放，新形式、新手法不断涌现，却难有某一种形式像从前那样在各国占有统治地位。园林工作者们一方面将外国新的设计思路加以吸收，将新的植物品种引种驯化，一方面结合本地文化传统、欣赏趣味、经济条件、人口、用地条件，产生最为适宜的设计指导思想。在园林中，通用的模式已不复存在，但相互间的借鉴更为频繁。故步自封和全面照搬都将意味着失败，在借鉴基础上的不断创新是历史给我们的教训。

2. 西亚园林

从西班牙到印度，横跨欧亚大陆有着一种独特甚至从今天来看显得刻板的园林形式，这就是西亚园林。它处于波斯和阿拉伯文化的双重作用下，伊斯兰教给予了它巨大的影响，它也是伊斯兰文明的体现和组成部分。

在世界四大文明古国中，现今的阿拉伯地区就占半数。古埃及是人类文明最早发源地，世界古代十大奇迹中唯一和园林有关的便是古巴比伦的悬空园。经认定，《圣经》中的伊甸园是在西亚的大马士革。虽然我们今天对那里的园林感到陌生，但我们却不能忘记人类智慧曾凝聚于此，为西方文明乃至世界文明构筑了温床。

（1）古埃及园林。古埃及和西亚气候干燥火热，临近沙漠景色单调，水便成为人们生存的重要条件。如果缺少树木，便会使人长时间处于阳光曝晒之下。树木的蒸发作用使人们感到空气清新、洁净，少见的树木反而为人所珍视，人们进行绿化活动显得较其他地方更为主动。因受自然环境制约，古埃及园林有着鲜明的特色，最重要的有两点：①为了减少水的蒸发和渗漏，水渠为直线形，而水是绿化过程中最重要的制约因子，植物须随其布置，这便决定了当时的园林为规则式园林；②由于人们在实用作物的栽植上已积累了丰富经验，园中植物种类也多为无花果、枣、葡萄等果树，以便于存活，这意味着园林植物的发展是由实用到观赏逐步过渡的。以古埃及某重臣宅园为例，大门正对着主体建筑，它们中间是宽敞的葡萄架，中轴线的两侧对称分布着方形地块，各个地块上分布着草坪、园亭、水池和树木。古埃及人崇尚稳定、规则，仿佛任何构筑物都要像金字塔一样是用最少的线条构成最稳定、最崇高的形象。

它影响了西方艺术的发展，又让今天的人们由世界各地群集在它周围，发出由衷的赞叹。除宅园外，古埃及尚有神园、墓园等形式。在社会早期发展过程中，迷信对人们的影响在生活各个方面都有体现。人死后可在来生转世的信念要求坟旁有树以供享受。墓园完全追求现实生活中令人愉悦的一切事物，它是现今西方墓园的起源。东方墓园相对之下园林气氛不够浓厚，庄严肃穆有余，美好明畅不足，忽略了墓园是生者活动场所的一面。神园为使人有崇高的感受，常建于易受风沙侵蚀的高处，有时需凿石填土，灌溉又不方便，为成行成片地栽植树木，人们付出了艰辛的劳动，因而也更令人崇拜。

（2）古巴比伦和波斯的园林。据考证，《圣经》中的不少典故出于美索不达米亚平原。这里是早期人类最繁荣的文化中心之一，美索不达米亚翻译过来是“两河之间”的意思，这两条河指的是幼发拉底河与底格里斯河。相对于古埃及，这里水源条件较好，雨量较多，气候温和，有茂密的森林。人们利用起伏的地形，在恰当的地方堆筑土山，在高处修建神庙、祭坛，庙前绿树成行，引水为池，圈养动物。由此，园林产生的另一个源头——猎园，在古巴比伦蓬勃发展起来。

猎园要在农业文明发展到一定程度，渔猎已不再成为绝大多数人可以随意进行的活动时，才能作为高级娱乐产生并用墙加以范围，不让常人进入。中国和古巴比伦都较早地出现了这种园林形式，后者在公元前3500年就有猎园逐渐向游乐园演化。这充分证明了古巴比伦在人类早期文明中占有重要地位。

随着时间的推移，古巴比伦人开始赋予园林更鲜明的特点，到公元前6世纪，空中花园诞生了。为了治愈由多山的波斯娶来的公主染上的思乡病，巴比伦王尼布甲尼撒二世在草原上建起高大的、能承受巨大重量的拱券，覆上铅皮、沥青，再积土其上种植植物，形成了中空可住人的人工山，在顶部设有提水装置，保证树木生长。远望全园如田间山林，构想之奇妙大胆，为世所罕见。

古巴比伦于公元前2世纪衰落后，波斯（今伊朗）便成为西亚园林中心。早在元前5世纪就有封闭式的天堂园。公元8世纪，伊斯兰教徒控制西亚后开始按照伊斯兰教义中的天堂来设计园林。《古兰经》中描述的水河、乳河、酒河、蜜河在现实中化作四条主干渠呈十字形通过交叉处的中心水池相连，将园林分成田字形。由于干旱，无论在传说和现实中水都是值得歌颂的、美好的象征。也正是为了节省水才采用了这样规则的输水线路，不仅如此，甚至将点点滴滴的水汇聚起来用输水管直接浇到每棵植株根部。人们对水的造型更加细心推敲，水景的设计技术在当时首屈一指，并传入西班牙、意大利和法国，为欧洲园林的发展做出了卓越的贡献。

西亚园林在近现代显得停滞、僵化了，但古埃及对古希腊园林的产生，波斯对中世纪后园林复兴的影响让人不得不说，离开了西亚园林，欧洲的园林发展便失去了推动力。虽然西亚园林对东方园林的影响相对要小得多，我们还是要认识到它的历史价值，因为它如同巍峨的金字塔一样，其中也凝聚着人类的精神。

3. 东方园林——日本园林

前面所介绍的西方和西亚两大园林体系均是以精美的布置追求理想中的天堂才会有的恢宏壮丽或自然和谐。较之西方园林设置枯树残垣的做作手笔，东方园林中仿佛处处沉淀着历史的精华。美丽的景色只是唤醒人们思考的手段，由此而引发出对人生真谛的领悟，才是造园者所要塑造的真正的美景良辰。

日、中一水相隔，从汉朝起日本文化就受到中国影响。日本的帝王庭园类似于中国汉朝宫苑，其跑马赛狗、狩猎观鱼等活动内容和汉朝建章宫颇为类似。高墙和树篱密布，著名的曲水宴也是仿汉朝置杯于流水之上的习惯。

6 世纪中期绘画、雕刻、建筑传入了日本，佛教的输入使得原有的高超工艺手段具备了灵魂。6 世纪中期，天皇更注重向中国文化靠拢，文学上尊崇汉文，造园中多效仿“一池三山”的手法。贵族大臣的宅园纷纷落成，形式上更为自然，其中以苏我马子的飞鸟河府邸最为有名。府邸内，曲池、岩岛、叠石广为应用，除瀑布细流之外，海景也成为园中重要题材之一。

9 世纪开始，中国文化在日本占有压倒优势，建筑以唐式为主，园景在继承一池三山的基础上形成了以海岛为题材的“水石庭”。随着唐朝的衰亡，日本开始减少对中国的依赖，文化上更为独立。宅邸中建筑不再仿唐朝宫殿般的对称式，而是在建筑前凿池造岛，用桥与陆地连接。池中可驾画舫，园中松枫柳梅色彩明媚，较对称的寺庙净土庭园更为自由活泼。

13 世纪的战乱时期如同中国的魏晋时期，人们的欣赏趣味由贵族化的华丽转为追求自然品味，禅宗开始流行。倡导无色世界和水墨山水画以及茶文化使日本庭园形成了淡泊素雅精炼的风格。这时的园林已不再是人们追求物质享受的场所，其目的是在静静的赏游中得到思辨的乐趣。白沙和拳石分别代表了大海和陆地，是枯山水的雏形。

16 世纪社会的统一和相对安定使日本古代园林发展进入了高潮，茶文化开始兴起，茶室茶庭以少求多、以缺求整的指导思想导致了将朴素简单的用材布置成为轻松自然的美景的片断表现在茶庭中。茶庭出现之前，日本园林已放弃了建筑和湖对面相向、由人在房中静赏的布置方法，代之以周游式的道路环绕美丽的楼阁，可以欣赏到丰富多彩的建筑立面的新颖布局。茶庭对天然美的追求更仿佛达到了无以复加的程度。石上的青苔、裂纹二梁柱上的节疤等均成了欣赏对象，院中经常只栽常绿树以表示自然朴野，常常将植物剪成自由形体，置石也多以巨大雄浑者为主。

日本古典园林发展到顶点时的作品有小掘远洲的桂离宫。中央为宫，四座茶室规格灵活，近宫者“楷”——严整，远者“草”——自由。八个洗手池造型各异，五岛十六桥穿插随意，大面积密林充满野趣。这时的园林常以密林隔绝外界干扰，以中心为高潮，再以轻柔的节奏结束。中国的名山大川常常成为日本庭院的模仿对象。

4. 外国近代、现代园林绿化

外国近代、现代园林沿着公园、私园两条线发展，而以城市公园、私园为主体，并且与城市绿化、生态平衡、环境保护逐渐结合起来，扩大了传统园林学的范围，提出了一些新的造园理论艺术。园林规划、设计与建造也与城市总体规划、建设紧密结合起来，并纳入其中，园林绿化也获得了空前规模的迅速发展。18、19 世纪的西方园林可以说是勒诺特风格和英国风格这两大主流的并行发展、互为消长的时期，当然也产生出许多混合型的变体。19 世纪后期，伴随着大工业的发展，郊野地区开始兴建别墅园林。

（1）公园的出现与发展。公园是公众游观、娱乐的一种园，也是城市公共绿地的一种类型。最早的公园多由政府将私园收为公有而对外开放形成的。西方从 17 世纪开始，英国就将贵族私园开辟为公园，如伦敦的海德公园，欧洲其他国家也相继仿效，公园遂普遍成为一种园林形式。19 世纪中叶，欧洲及美国、日本开始规划设计与建造公园，标志近代公园的产生。如 19 世纪 50 年代美国纽约的国家公园；70 年代日本大阪市的住吉公园；美国的黄石国家公园。

现代世界各国公园，除开辟新园、古典园林、宫苑外，主要是由国家在城市或市郊、名胜区专门建造的国家公园或自然保护区。美国 1872 年建立的黄石国家公园是世界上第一座国家公园，面积为 89 万公顷以上，开辟了保护自然环境、满足公众游观需要的新途径。而后世界各国相继效法，建立国家公园。有些国家还制定了自然公园法令，以保证国土绿化与城市美化。国家公园的面积很大，规模恢宏，有成千、成万公顷的，也有几百万公顷的。一般都选天然状态下具有独特代表性自然环境的地区进行规划、建造，以保护自然生态系统、自然地貌的原始状态。其功能多种多样，有科学研究、科学普及教育的，有公众旅游、观赏大自然奇景等。如美国黄石国家公园，富有湖光、山色、悬崖、峡谷、硕泉、瀑布等特色，满山密布森林，园内百花争艳，野生动物奔翔其间。目前，全世界已有 100 多个国家建立了各有特色的国家公园 1200 多座。如美国有 48 座，面积共有 880 万公顷；日本有 27 座，总面积为 199 万公顷；加拿大有 31 座；法国有 7000 个自然保护区，3500 个风景保护区；英国有 131 个自然保护区，25 个风景名胜区；坦桑尼亚有 7 座国家动物园，11 个野生动物保护区等。

（2）城市绿地。城市绿地指公园、林荫路、街心花园、绿岛、广场草坪、赛场或游乐场、居住区小公园、居住环境及工矿区等，统称为城市园林绿地。

西方工业革命后，随着工业的发展，工业国家的城市人口不断增加，工业对城市环境、交通对城市环境的污染日益严重。1858 年美国建立纽约中央公园后，多方面的专家纷纷从事改造城市环境的活动，把发展城市园林绿地作为改造城市物质环境的手段。1892 年，美国风景建筑师 F · L · 奥姆斯特德编制了波士顿城市园林绿地系统方案，将公园、滨河绿地、林荫道连接为绿地系统。而后一些国家也相继重视公共绿地的建设，国家公园就是其中规模最大的一项建设工程。近几十年来，各国新建城市或改造老城，都把绿地纳入城市总体规划之中，并且制定了绿地率、绿地规范一类的标准，以确保城市有适宜的绿色环境。

（3）私园的新发展。西方资产阶级为追求物质、文化享受，比过去的剥削者更重视园林建设，而且除继承园林传统外，特别注重园的色彩与造型的艺术享受，建筑富有自由奔放的浪漫情调，造景讲究自然活泼，丰富多彩。自然科学技术的发展，使园林植物通过驯化、繁育良种、人工育种、无性繁殖等方法不断涌现，适应性强，应用广泛，为园林植物布置提供了取之不尽的资源，促进了以花卉、植物为主的私园迅速发展。近代，尤其现代产生了诸多专类花园，如芍药园、蔷薇园、百合园、大丽花园、玫瑰园及植物园等。

拥有私园的人以大资本家、富豪者为多。在城市里建有华贵富丽的宅馆与花园，或工厂、宾馆的园林绿地，在郊外选风景区建别墅，甚至于异乡建休养别馆。19世纪后，英国私人的自然风景园，无论城内、郊外都比过去多，且不再是单色调的绿色深浅变化，而注重富丽色彩的花坛建造与移进新鲜花木，建筑物的造型、色彩也富有变化，舒适美观。英国私园中花坛的基本格局是：坛形有圆、方、曲弧、多角等，组成花坛群，周围饰步道，坛中植红、蓝、黄各种花卉，以草类花纹图案为背景。除花坛外，园多铺开阔草地，周植各种形态的灌木丛，边隅以花丛点缀，另有露浴池、球场、饰瓶、雕塑之类。英国的这类私园是近现代西方私园的典型，对欧美各国影响极大，欧美私园基本仿英国建造。

现代，城市中、小资产者与富裕市民也掀起建小庭园的热潮。以花木或花丛、小峰石、花坛、小水池及盆花、盆景装饰庭院，改善与美化住宅小环境。这类园虽小，无定格，但也不乏精品，而且人数众多，普及面广，交流频繁，对园林绿化的发展具有不可忽视的促进作用。

（二）外国园林的特点

学习外国园林艺术，是为了“洋为中用”，从中吸收对我们有益的东西，以丰富我们今日的园林。外国园林就其历史的悠久程度、风格特点及对世界园林的影响，具有代表性的是东方的日本园林；15世纪中叶意大利文艺复兴时期后的欧洲园林，包括意大利、法国和英国园林等；近代又出现了苏联和美国的园林绿化。

1. 日本园林——缩景园

日本庭园特色的形成是与日本民族的生活方式与艺术趣味，以及与日本的地理环境密切相关的。日本是太平洋的群岛国家，全境由四个大岛和几百个小岛组成，中部有海拔3700m的富士山，终年积雪，山岭和高地占全部土地的4/5。由于多山，故多溪涧、瀑布。特别是瀑布，它作为神圣、庄严、雄伟、力量的象征，而历来为日本人民崇敬、喜爱。由于是岛国，海岸线曲折复杂，有许多优美的港湾。再加上海洋性气候，植物资源丰富。所有这些都影响到造园的题材与风格。

日本庭园在古代受中国文化和唐宋山水园的影响，后又受到日本宗教的影响，逐渐发展形成了日本民族所特有的“山水庭”，十分精致和细巧。它是模仿大自然风景，并缩景于一块不大的园址上，象征着一幅自然山水风景画，因此，日本庭园是自然风景的缩景园。园林尺度小，注意色彩层次，植物配置高低错落，自由种植。石灯笼和洗手钵是日本园林特有的陈设品。日本传统园林分类有：

（1）筑山庭。“筑山”即所谓观赏型“山水园”。“筑山”又像书法一样，分为“真”“行”“草”三种体，繁简各异。

它是表现山峦、平野、谷地、溪流、瀑布等大自然山水风景的园林。传统的特征是以山为景，以重叠的几个山头形成远山、中山、近山及主山、客山，以流自山涧的瀑布为焦点。

山前是水池或湖面，池中有中岛，池右为“主人岛”，池左为“客人岛”，以小桥相连。山以土为主，山上植盆景式的乔木或灌木模拟林地。山上、山腰、山麓、水际、瀑布附近及水中岛上分别相应地置有各种被命名的石组，象征石峰、石壁、露岩，从而构成一幅幅自然景观的缩影。

筑山庭有的部分供眺望，称“眺望园”，有的部分供观赏娱乐，称“逍遥园”。此外，筑池水部分称“水庭”。筑山庭中另有一种枯山庭（亦称“石庭”或“枯山水”），其布置类似筑山庭，但没有真水，代表真水的是卵石和砂子，布在湖河床里，砂子划成波浪形，假拟为水波，湖河床里置石，拟想为岛。最著名的龙安寺石庭，在日本称为“国宝”。

（2）坪庭。日语中的“坪庭”一词，源自平安时代宫中的小庭园，也就是我们现在所说的院内小庭园。在拥有狭小空间的庭园里，种上自己喜爱的植物，宫廷中将这样的地方称为“壶庭”。后逐步演变，将面积在1坪（1坪≈3.3m2）左右的庭园称为“坪庭”。

一般布置于平坦园地上，有的堆一些土山，有的仅于地面聚散地设置一些大小不等的石组，布置一些石灯笼、植物和溪流，这是象征原野和谷地，岩石象征真山，树木代表森林。坪庭中也有枯山水的做法，以平砂模拟水面。

（3）茶庭。通常将包括通向茶室的小道在内的、从等候室至茶室出入口的这部分庭园称为茶庭。因为茶庭是有使用功能的庭园，所以重要的是要使脚踏石易于行走。在设计时应考虑方便与茶事相关的所有活动。建造茶庭时，甚至其细节，都有约定俗成的规则。这个部位的尺寸应该是多少，它的位置应该在这里……因此，不了解茶道的人，建造不了茶庭。采用能适应不同场所的、随机应变的设计和使用方式营造茶庭，才是茶人原本所遵循的原则。

茶庭只是一小块庭地，单设或与庭园其他部分隔开，一般面积很小，布置在筑山庭或坪庭之中，四周设富有野趣的围篱，如竹篱、木栅，有小庭门入内，主体建筑为茶汤仪式的茶屋。布置主要用常绿树，极少用花木，庭地和石山上有青苔，茶庭中亦有洗手钵和石灯笼装点。茶庭面积虽小，但能表现自然的意境，创造深山幽谷的清凉的小天地，与茶室的气氛很协调，引人深思默想，进入茶庭犹如远离尘世一般。

以上三类日本传统园林，其功能和景观效果各异。筑造法有定规和程式，在较大规模园林中常三者共存。

2. 文艺复兴时期的意大利园林—台地园

意大利位于欧洲南部风景著称的阿尔卑斯山南麓，是个半岛国家。气候温和湿润，山峦起伏，土地肥沃，草木茂盛，尤以常绿阔叶树最为丰富，在世界上又以盛产大理石著名，古罗马时期建筑影响深远，雕塑精美，又多山泉，水景建设很方便。

意大利是古罗马的中心，经过 15 世纪中叶文艺复兴，造园艺术成就很高，在世界园林史上占有重要地位，其园林风格影响波及法国、英国、德国等欧洲国家。

文艺复兴后，贵族、资产阶级追求个性解放，厌倦城市而倾心于田园生活，多由闷热潮湿的地方迁居到郊外或海滨的山坡上。在这种山坡上建园，视线开阔，有利于借景、俯视，这样逐渐形成了意大利独特的园林风格—台地园。

意大利台地园一般依山就势，分成数层，庄园别墅主体建筑常在中层或上层，下层为花草、灌木植坛，且多为规则式图案。园林风格为规则式，规划布局常强调中轴对称，但很注意规则式的园林与大自然风景的过渡。即从靠近建筑的部分至自然风景逐步减弱其规则式风格，如从整形修剪的绿篱到不修剪的树丛，然后才是大片园外的天然树林。

意大利多山泉，便于引水造景，因而常把水景作为园内主景之一，理水方式有水池、瀑布、喷泉、壁泉等。植物以常绿树为主，有石楠、黄杨、珊瑚树等。在配植方式上采用整形式树坛、黄杨绿篱，以供俯视图案美，很少用色彩鲜艳的花卉。以绿色为基调，不眩光耀目，给人以舒适宁静的感觉。有时利用植物色彩深浅不同，使园景有所变化，园路注意遮阴，以防夏季阳光照射。高大的黄杨或珊瑚树植篱常作分隔园林空间的材料。由于社会和历史的条件，意大利的造园继承了古罗马的传统，而赋予了新的内容。当然。意大利独特的地理环境，它那山峦起伏的地形及夏季闷热的气候，也是形成台地园这一特殊风格的因素之一。

3.17、18 世纪的法国宫苑——规则式的园林

法国在 14 世纪时，对自然园地的利用还仅限于实用果园，到 16 世纪末，法国在与意大利的战争中接触到意大利文艺复兴的文化，于是意大利文艺复兴时期的建筑及园林艺术也开始影响到法兰西。17 世纪，意大利文艺复兴时园林传入法国，法国人并没有完全接受台地园的形式，而是把中轴线对称均齐的整齐式的园林布局手法运用于平地造园。法国地形平坦，根据法国的自然条件特点，吸收意大利等国园林艺术成就，

创造出了具有法国民族独特的风格—精致而开朗的规则式园林，使法国的园林有了改革和创新。路易十四建造的宏伟的凡尔赛宫苑，是这种形式杰出的代表，它在西方造园史上写下了光辉灿烂的一页。

唯理与缘情古典主义是17世纪下半叶法国文化艺术的最主要潮流，它的哲学基础源于自然科学早期重大成就所形成的唯理论哲学观。唯理论的代表人物笛卡尔认为，艺术中最重要的是：结构要像数学一样清晰明确，合乎逻辑。而且，法国古典主义建筑理论认为，古罗马的建筑就包含着这种超乎时代、民族的绝对规则。因而，古典主义者强调整齐划一、秩序、均衡、对称，平面构图上崇尚圆形、正方形、直线等几何图案和线形分割。法国古典主义园林风格正是在这种唯理的美学思想下形成的，它体现的是一种理性的思想内涵。这种园林在水景方面，多系整形河道、水池喷泉及大型喷泉群。为扩大园林空间，增加园景变化，取得倒影艺术效果，常在水面周围布置建筑物、雕像和植物等，因法国雨量适中，气候温和，多落叶阔叶树，故常以落叶密林为丛林背景，并广泛应用修剪整形的常绿植物，大量采用黄杨和紫杉作图案树坛，草花运用比意大利丰富，常用图案花坛，注意色彩变化，并经常用平坦的大面积草坪和浓密树林，衬托华丽的花坛。行道树大多为悬铃木类，路旁或建筑物附近常植修剪整形的绿篱或常绿灌木，如黄杨、珊瑚树等。

4. 英国园林——自然风景园

18世纪出现的英国风景园，崇尚自然，为世界园林艺术也做出了重大贡献。英国地处西欧，为大西洋的岛国，地形多变，气候温暖湿润，土地肥沃，花草树木种类繁多，栽培容易。故英国园林大多数以植物为主题，如英国卡尔贝斯堡园林。

15世纪前，英国园林大多数采用具有草原牧地风光的风景园，以表现大自然美景。16~17世纪受意大利文艺复兴影响，曾一度流行规则式园林风格。到了18世纪，浪漫主义思潮在欧洲兴起，也影响到英国的园林艺术，出现了追求自然美，反对呆板、规则的布局，于是传统的风景园得到了复兴与发展。尤其是英国造园家威廉·康伯介绍了中国自然式山水园林后，在英国出现了崇尚中国式园林的时期，后又在伦敦郊外建造了邱园，影响颇大，这时田园歌曲、风景画盛行，出现了爱好自然热。另外，产业革命后，资本主义工业大发展，郊区农民大量涌入城市，牧场一片荒芜，提供了在市郊建造大面积园林的用地条件，于是英国园林风格为之一新，至19世纪成为自然式的风景园。

英国风景园的特点是以发挥和表现自然美出发，园林中有自然的水池，略有起伏的大片草地，在大草地之中的孤植树、树丛、树群均可成为园林的一景。道路、湖岸、林缘线多采用自然圆滑曲线，追求“田园野趣”，小路多不铺装，任游人在草地上漫步或作运动场。善于运用风景透视线，采用“对景”、“借景”手法，对人工痕迹和园林界墙，均以自然式处理隐蔽。从建筑到自然风景，采用由规则向自然的过渡手法。植物采用自然试种植，种类繁多，色彩丰富，常以花卉为主题，并注意小建筑的点缀装饰。

此外，英国风景园在植物种植丰富的条件下，运用了对自然地理、植物生态群落的研究成果，把园林建立在生物科学的基础上，创建了各种不同的人类自然环境，后来发展了以某一风景为主题的专类园，如岩石园、高山植物园、水景园、百合园、芍药园等。这种专类园对自然风景有高度的艺术表现力，对造园艺术的发展有一定的影响。

5. 美国国家公园

美国位于北美洲南部，国土东西高，中间低，山脉南北走向，气候属温带、亚热带，森林与植物资源丰富，具有发展天然公园的良好自然条件。

美国于 1776 年独立，国史较短，国民来自许多国家，园林基本上未形成自己独立的风格。大部分模仿英国等欧洲诸国和日本、中国等。美国的自由主义观念是多文化的融合点，这些也影响美国园林的发展。景观以起伏的线条和自然生动模仿为特点。19 世纪美国园林更多反映解决道德问题和社会问题上。后来的美国大量移民流入，使得园林设计方向结合实际而又体现古典美，旨在缓解社会的无序和拥塞。现代公园和庭园多注意自然风景，室内外空间环境相联系。有自然曲线形混凝土道路和水池，因钢材和木材生产较多，故园林建筑常用钢木材料，显得轻巧空透，很注意光线效果。植物种植取自然式，而到建筑物附近逐步有规则绿篱或半自然的花径作过渡，很注意草皮覆盖，树下多用碎树皮、木片覆盖，以防止尘土飞扬和改善小气候。花卉运用多，点缀大草地和庭园。常用散置林木、山石和雕塑喷泉水池装饰园林。

在美国，对于自然式风景园林学的基本鉴赏已发展为两个不同的方向：一方面是针对私人地产和城市公园，表现为自然主义的、不规则样式的设计倾向；另一方面则是出自对教育、健康和游憩娱乐的考虑，由此展开了保持大面积本土景观的运动。对自然风景的保留是为了更好地予以利用，所以，这种保留的内容是很广泛的，这些保护区的主要类型包括：国家公园、国家森林、国家纪念地、州立公园、州立森林等各种场所。美国注意发展各类公园，早在 1832 年就进行大型公园的试验。1872 年 3 月 1 日美国总统正式签署法案，决定在美国西部怀俄明州的北洛基山中间有仙境般奇景的崇山峻岭中开辟“黄石国家公园”。这里温泉广布，有数百个间歇泉，有的喷出水柱高几十米，有的水温达 85℃，面积共有 89 万公顷。这就是美国也是世界上第一个国家公园。

建立国家公园的主要宗旨在于对未遭受人类重大干扰的特殊自然景观、天然动植物群落，有特色的地质地貌加以保护，维护其固有面貌，并在此前提下向游人们开放，为人们提供在自然中休息的环境，同时，也是认识自然并对大自然进行科学研究的场所。

18 世纪 90 年代，美国又先后开辟了四个国家公园，到现在美国国家公园共有 40 处。占地 500 万 ~600 万公顷。属于美国国家公园处管理经营的还有国家名胜、国家纪念建筑、国家古战场、军事公园、历史遗址以及国家海岸、洞道和花园路等 20 多种形式游览地共达 321 处，占地面积共达 3000 多万公顷，其中有瀑布、温泉、热泉、火山，有大片的原始森林，有广阔肥美的草原，有珍贵的野生动、植物，还有古老的化石产地等。所有这些形式的游览地，形成了美国的国家公园系统。

国家公园内严禁狩猎、放牧和砍伐树木，大部分水源不得用于灌溉和建立水电站。这些被保护的大自然景区，有便利的交通条件，有多处宿营地和游客中心，为科学考察和旅游事业提供了很大便利。1916 年美国在成立国家公园处的机构时，国会曾指示要"想方设法保存风景、自然和历史文物以及公园中的野生动物，供后人永世享用，不受损伤"。这一原则成了美国国家公园的一项根本方针。

现代，随着城市环境保护和旅游业的兴起，美国正在动员各方面的力量，为开辟更多的公园和改善生活环境而努力。美国的公园建设在不断吸取各国园林优点，结合自己国家的特点，探索创建美国园林自己的风格，其主要特点是多样化和不断创新，注重天然风景的组织和规模宏大等。

（三）东西方园林特点的比较

以中国园林为代表的东方园林和西方园林是世界园林艺术的两大流派。风格迥异，表现形式也迥然不同。

从艺术角度讲，中国的园林艺术源于中国传统绘画，"诗情画意"是中国古典园林追求的审美境界，将建筑自然化，曲径通幽，追求意境，表现出形象的天然韵律之美。西方园林中的法国有"园林是陪衬，是背景，是建筑的附属物，确实不是独立完备的艺术"（黑格尔语）。西方园林以科技为缘，将建筑自然化，开阔坦荡，以整体对称图案美见长，表现出抽象性的人工技巧之美。

从理念的角度讲，东方园林崇尚自然，模拟自然，注重天人合一，重现自然，而西方园林则在造园过程中强调人的重要性，一定程度的排斥自然，力求体现出严谨的理性，一丝不苟地按照纯粹的几何结构和数学关系发展，着重体现了人与自然的抗衡和对自然地控制。

从形式角度讲，中国古典园林是以含蓄、蕴藉、清幽、淡泊为美，重在情感上的感受。对自然物的各种形式属性如线条、形状、比例、组合，在审美前意识中不占主要地位。空间上循环往复，峰回路转，无穷无尽，追求含蓄的境界，是一种模拟自然，追求自然的封闭式园林，是一种"独乐园"。西方园林表现为开朗、活泼、规则、整齐、豪华、热烈、激情，有时甚至是不顾奢侈地讲究排场，其创作主导思想是以人为自然界的中心，大自然必须按照人的头脑中的秩序、规则、条理、模式来进行改造。

东西方园林在造园的艺术、理念、形式等不同之处反映在具体细节上的区别也大相径庭。

第二章　风景园林规划设计的基本理论

风景园林是在一定地域范围内，运用艺术与技术手段，创建优美的自然环境和游憩境域，由植物、道路、地形地貌、建筑、园林小品等要素组成，要将这些组成要素设计为满足景观、生态、功能等要求的环境，就需要掌握一定的艺术审美规律、人文历史内涵、人体工程学、行为心理学、生态学等各方面的基本原理与方法。

第一节　艺术美学

风景园林是艺术，一种特殊的造型艺术，园林景观是真实的、立体的，以静态和动态的方式呈现在一定的空间之内，与一般的造型艺术不同的是，风景园林并不只是实体的艺术形象，而是通过众多的风景形象组合，构成了一个个连续的风景园林空间，是生活美、自然美和艺术美的高度和谐统一，有机地融合了建筑、文学、美学、书法、绘画、音乐等各门艺术，营造出自身独特的审美意境。因此，园林规划设计必须了解一些形式美的表现形态、法则及造景艺术手法。

一、形式美的表现形态

形式美的表现形态一般包括点、线、面、形、色彩、声音、材质、空间等要素，它们是形式美产生的重要条件。在园林空间中，形式美的表现形态主要有以下几个方面。

（一）点

点是相对的元素，与线、面的概念构成对比。点的功能是标明位置、吸引视线和进行聚集，一个大小适宜的点，在画面上可以成为视线中心点，给人安定而单纯的感觉；两个点就产生相互联系，具有线的方向感和张力；三个以上的点做近距离的散置，会产生形的感觉；连续性的点可以形成线。点是一种轻松、随意的装饰美，是园林设计的重要组成部分，一般以景点的形式出现，如中心景观、视角中心、景点等。风景园林中，孤植的树、置石、亭子、雕塑、水池、花钵等都可以看成是点。

（二）线

线是具有位置、方向与长度的一种几何体，可以理解为点运动后形成的轨迹，与点强调位置与聚集不同，线更强调方向与外形。线可以分为直线与曲线，直线分为水平、垂直、斜线和折线，水平线具有广阔、宁静、平和、稳定的感觉，如地平线、广场、镜面水池等；垂直的线具有崇高、庄重、拉长、升降的感觉，如宝塔、纪念碑、倒影池等；斜线具有方向性、不安定、动势、危机、运动的感受，如比萨斜塔、斜拉索桥；折线具有随意、不规则、凌乱和动态的感觉；曲线具有柔软、优雅和自然的感觉，曲线的整齐排列会使人感觉流畅，具有强烈的心理暗示作用，如圆弧线具有饱满感，抛物线具有动势，波浪线具有起伏感，拱桥的双曲线具有和谐感，螺旋线具有飞舞、欢快感，蛇形线具有自由感，放射弧线具有扩展、扩张感，回纹线具有流动感等。

（三）面

与点、线相比，面是一个平面中相对较大的元素，强调形状和面积，具有长度、位置、方向，而无厚度。不同的面给人不同的视觉联想，如正方形、菱形、等边三角形等直线型的面，具有坚固、简洁、秩序的视觉特征；圆形、椭圆形等曲线形的面则有柔软、数理、秩序井然、自由、明快的感觉；自由曲线型的面则给人以活泼、多变、朴实无华和富有感情的特征。风景园林设计中，点、线、面的关系是相对的，点的移动构成线，线的移动构成面，面的缩小可变成点，点的扩大成为面，点、线、面之间的变化极为丰富，任何一个景观，都可解构为由点、线、面构成的各种图形图案。因此，风景园林的规划设计，从解构的角度来说，就是一些点、线、面的排列组合。

（四）形

形由线和面复合而成，不同的形状具有不同的性格特征、感觉和文化含义。圆形具有愉快、柔和、圆满的感觉，正三角形具有坚固、强壮、收缩的感觉，菱形具有锐利、坚固、轻巧的感觉，正方形具有质朴、沉重、坚固的感觉，长方形具有坚固、强壮的感觉等。同时，不同的形状，具有不同的文化含义，如“卍”象征佛教，圆形的阴阳鱼图案象征太极、道教，“卐”象征纳粹，星月的组合象征伊斯兰教，八角星是清真寺装饰中的常见形式，六芒星是以色列、犹太教、犹太文化的象征等，这些具有一定文化内涵的形状或符号，在设计中一定要慎重使用，以免产生理解上的歧异。

（五）色彩

色彩是物质的属性之一，是构成形式美的要素，具有强烈的表情性质和精神意蕴，如蓝色给人感觉宁静，绿色给人感觉平静、安慰，白色孕育着希望，黑色则是无希望的沉寂。色彩分为人工色、自然色和半自然色。人工色是指通过人工技术手段产生的颜色，如瓷砖、玻璃、各种涂料的色彩等；自然色是指自然物质所表现出来的颜色，如天空、石材、水体、植物的色彩等；半自然色是指人工加工过但不改变自然物质性质的色彩，如人工加工过的各种石材、木材和金属的色彩等。

园林规划设计中，色彩设计就是把园林景观中各具色彩的物质载体进行组合，以期得到理想中的色彩配置方案。设计时要考虑色彩对人心理、生理感知的影响，场地的地理特色，气候因素，国家或民族的风俗与偏好，文化与宗教的影响，光线的变化，材料的特性等。另外，还要考虑使用中的场地性质对于色彩的要求，使用者的兴趣、爱好等。

（六）材质

材质，材料的质感，是构成园林的物体给人的直观感受，不同的材质给人的感觉不一样，如粗糙的质感让人感觉到力量、强壮，自然、光滑的质感让人联想到温柔、优雅，金属和岩石的质感让人感觉到坚硬、冰冷、距离，草地和树叶的质感让人感觉柔软、轻盈和亲切等。现代园林设计中，材质的对比、变化、多样和统一，是景观效果表现的关键。

（七）空间

风景园林设计是一种环境空间的设计，其目的在于提供人们一个舒适、美好、富于想象的外部休闲场所。风景园林空间的构成，须具备三个因素：一是植物、建筑、地形等空间境界物的高度，二是视点到空间境界物的水平距离，三是空间内若干视点的大致均匀度。空间可以分为开敞空间、半开敞空间、封闭空间，空间序列变化是园林设计中的一个重要内容，如苏州留园的入口处理，其空间的开合、光线的变化、景观的递进，是中国古典园林空间处理的典范。

二、形式美法则

（一）变化与统一

变化与统一是构成园林景观形式诸多法则中最基本、也是最重要的一条法则。变化，是指相异的各种要素组合在一起时，形成了一种明显的对比和差异的感觉；统一，是诸元素之间在内部联系上的一致性。园林环境中，由于多种元素并存，形象变化丰富，必须统一于一个中心或主体，才能构成一个有机的整体。园林植物配置中，植物种类太多则杂乱，太少则单一，要在对比中找到既统一又丰富的效果。

风景园林设计中，要创造多样与统一的效果，可以通过多种途径来达到，如局部与整体的统一、形式与内容的统一、风格流派的多样统一、材料与质地的多样统一、形态与纹理的多样统一、尺度比例的变化与统一、动势动态的变化与统一等，在变化中寻求统一、在统一中寻求变化，关键在于“度”的把握、“不多不少”分寸的控制。

2. 对比与调和

对比与调和是艺术构图的一个重要手法，它是运用布局中的某一因素（如体量、色彩、材质等）中不同程度的差异，取得不同艺术效果的表现形式。园林造景中的对比因素很多，如大小、曲直、方向、黑白、明暗、色调、疏密、虚实、藏露、动静、开合等，都可以形成对比。通过对比可突出主题，强化立意，也可使相互对比的事物相得益彰，相互衬托，创造出良好的景观效果。园林设计中既要在对比中求调和，又要在调和中求对比，使景色既丰富多彩，又要突出主题，风格协调，如园林中的粉墙黛瓦、自然植物与人工景石、景墙与门洞、点线面等都形成对比与调和的关系。

3. 比例与尺度

比例是物与物之间度量尺度的对比关系。美学中最经典的比例分配为“黄金分割”，并被广泛地运用到艺术创作中。中国古典园林中的古建，就是根据一定的经验，按比例关系推算而出的，如营造法式中的亭子，由柱子间距，可推知柱子直径、高度，由柱子直径推算出梁、枋、椽子的直径等。

园林设计中除要考虑要素自身内部的比例尺度外，还要考虑相互之间的比例尺度，使景观安排得宜、大小合适、主次分明、相辅相成、浑然一体，如苏州网师园，其中的建筑、树木、山石、水池等，相互之间具有合适的比例尺度，又跟环境协调统一，达到自然天成的效果。

4. 对称与均衡

对称是指图形或物体对某个中心点、中心线、对称面，在形状、大小或排列上具有一一对应关系，它具有稳定与统一的美感，如法国凡尔赛花园中对称的构图，左右两边是完全相同的图案与造型，具有强烈的整齐感、节奏和秩序感。均衡是形态的一种平衡，是指在一个交点上，双方不同量、不同形，但相互保持平衡的状态，如颐和园以佛香阁为主景的设计，周边环境自然均衡，取得良好的视觉效果。

5. 节奏与韵律

节奏与韵律，是来自音乐的概念，节奏是指元素按照一定的条理、秩序、重复连续排列，形成一种律动形式，包括距离、大小、长短、明暗、形状、高低等的排列构成；韵律是一种和谐美的格律，“韵”是美的音色，“律”是规律，它要求这种美的音韵在严格的旋律中进行。韵律分为连续韵律、渐变韵律、交错韵律、起伏韵律等。在风景园林设计中，韵律是指动势或气韵有秩序的反复，其中包含着近似因素或对比因素的交替、重复，在和谐、统一中包含着富有变化的反复，如行道树的设计、空间的变化、道路的线形与铺装变化、假山景石的设计等，都可以用节奏与韵律法则处理。

6. 条理与反复

条理，是指把琐碎杂乱的元素，通过艺术处理使其整合，以产生规律化和秩序化的效果；反复，是把同一图案作有规律的重复，或有规律的连续排列，使之产生既有变化又显统一的效果，构成形式多样又有节奏感的图案形象。条理与反复在园林构图中是彼此关联、密不可分的一个整体，如苏州园林中的花街铺地，通过卵石、砖块、瓦片等要素的组合，将动物图案、花草图案、吉祥图案等中国文化符号，有条理、反复地在地面铺装上展现出来，给人自然、优美、富有文化内涵的感觉，并形成苏州园林的特色之一。

总之，形式美的法则在园林设计中运用广泛、无处不在，只有细心体会、掌握要领、不断创新，才能设计出优美的风景园林作品。

三、造景的艺术手法

景，也称风景，指在风景园林中，自然的或经人工创造的、能引起人美感、可供游憩欣赏的空间环境。景是园林的主体，是欣赏的对象，可分为景点、景区。景点是景物布局集中的地方，是景的基本单位；景区是由若干景点组成、供游客游览观赏的风景区域，若干个景区可组成一个完整的园林环境。园林造景的艺术手法包括：主景与配景、景的层级、借景、空间组织、点景等。

（一）主景与配景

主景是风景园林的重点、核心、构图中心，是园林中主要功能与主题的集中处，也是全园视线的控制焦点，在艺术上富有感染力；配景起衬托作用，使主景突出，主景与配景相得益彰。

突出主景的方法有：主体身高，如北海公园琼华岛上的白塔；主景位于轴线端点、视线焦点处，如凡尔赛花园中的凡尔赛宫；主景位于动势线集中点，如水面、广场、庭院内的中心景观；主景成为空间构图的重心，如规则式园林的几何中心，自然式园林的构图重心等；加强对比突出主景，通过对主景的线条、体形、体量、色彩、明暗、动势、性格、空间的开阔与封闭、布局的规则与自然等进行对比。

（二）景的层次

景，在距离远近、空间层次上，分前景（近景）、中景（主景）、背景（远景），前景、背景以衬托中景，突出景观效果，如在植物景点配置中，大乔木为中景，花卉、灌木为前景，中、小乔木为配景，这样的植物配置层次丰富、效果突出。有时因不同造景的要求，前景、中景、背景不一定全部具备，如强调中景时，前景、背景都可虚化。在前景的处理上还可以运用框景、夹景、漏景、添景（如垂柳）等手法，使中景更为丰富和突出，如扬州市瘦西湖公园内吹台（俗称钓鱼台），透过吹台圆洞，远处的五亭桥、白塔映入眼帘，画面优美、过目不忘。

（三）借景

有意识地把园外的景物“借”到园内可透视、感受的范围中来，称为借景。借景是中国园林艺术的传统手法，通过借景可以扩大景物的深度、广度，组织游赏的内容，使空间变得无限。

借景的方法，从所借的内容上分：借形，如网师园竹外一支轩；借声，如拙政园听雨轩的雨打芭蕉；借色，如杭州西湖的三潭印月；借香，如留园的闻木樨香轩。从所借的方法上分：远借，如无锡寄畅园借景惠山；邻借，如沧浪亭借景园外的河；仰借，如南京玄武湖借景鸡鸣寺；俯借，如泰山的一览众山小；应时而借，如杭州西湖的苏堤春晓等。

（四）景题

中国园林往往根据景点的性质、用途，结合空间环境的景象和历史，进行高度概括，做出园林题咏，点出景的主题，增加诗情画意、丰富景观的内容，给人以艺术联想，如知春亭、观止、迎客松、石林等，形式可以是匾额、对联、石碑、石刻等。

第二节　文化学

文化，广义的文化是指人类在社会历史发展过程中所创造的物质财富和精神财富的总和；狭义的文化是指意识形态所创造的精神财富，包括宗教、信仰、风俗习惯、道德情操、学术思想、文学艺术、科学技术、各种制度等。风景园林，是人类创造的人居环境，是一种可观可游可赏可居的物态文化，同时，风景园林融合了地域人文、价值观念、审美情趣等心态文化，是文化的重要载体，可以从园林文化、宗教、制度、民俗风情、地域特色等方面进行探讨。

一、园林文化

风景园林是一种理想的人居环境，包括地形地貌、建筑、植物、道路、园林小品等物质要素，文化是凝聚在这些物质要素上的“精神现象活动”。

（一）选址与山水审美文化

选址即“相地”，是造园的第一步。中国古代造园讲究风水，又称堪舆，“是集地质地理学、生态学、景观学、建筑学、伦理学、美学于一体的综合性、系统性很强的古代建筑规划设计理论”（王其亨），如承德避暑山庄的选址，群山环抱，近低远高，有“四方朝揖，众象所归”的政治意向，并符合风水学“觅龙”中“真龙居中”的要求，同时有“北压蒙古，又引回部，左通辽沈，南制天下”的军事意义。在中国，选址除风水学外，还涉及阴阳五行、八卦、信仰、审美等相关内容。

山水审美。山水是中国古典园林的主要标志，几乎无园不山、无园不水，儒家以山水作为志士仁人的精神状态，并产生了“仁者乐山，智者乐水”的美学命题与隐逸文化，从早期的隐逸山林，到后期的“大隐在关市”，从真山水的崇拜到山水精神存于意念之中，拳石勺水象征山林江湖，园林里的山水不仅负载着与道德相联系的情愫，还表达着自己的人生理想与抱负，如拙政园、颐和园、网师园、避暑山庄等。

在山水审美中，延伸出中国文人对石的崇拜和审美，宋代书画家米芾提出了品石的四个标准："瘦、皱、漏、透"，成为后世品评石头的圭臬，山石也成为园林中主要景点，如苏州的瑞云峰、上海豫园的玉玲珑、杭州花圃的绉云峰等被称为“江南三大名石”。

（二）园林建筑文化

园林建筑，在其长期的建设历史与发展过程中，形成了独具风格的建筑空间和装饰艺术，其外露的斗拱、飞檐，是力学和美学的最佳结合；其内部的空间形式、构成空间的实体艺术形象，反映了当时当地的生活方式、社会意识、各民族特点、各社会阶层的审美心理等内容。

风景园林建筑的功能，不论是中国皇家园林还是私家园林中，除少数礼佛建筑外，大多是宫苑和住宅的延伸，根据居住、读书、作画、抚琴、弈棋、品茶、宴饮、游憩等功能，设计建造厅、堂、轩、斋、馆、亭、台、楼、阁、榭、舫等建筑形式，因而处处体现了人与社会生活的关系，形成可居可游可行可赏、既满足生理需求又满足精神享受需要的丰富多彩的园林建筑。

风景园林建筑的形式，特别是住宅建筑，自古以来就受到等级名分和尊经法古的制约，其建筑形制也成为标识名分和表征礼制正统的物态化标志，如建筑台基的高度，天子之堂九尺，诸侯七尺，大夫五尺，士三尺（《礼记》）；官式屋顶的形制有一套严格的九级品位，由高级到低级依次为：重檐庑殿、重檐悬山、单檐歇山、单檐庑殿、单檐尖山式歇山、单檐卷棚式歇山、尖山式悬山、卷棚式悬山、尖山式硬山、卷棚式硬山等。房子的开间，在《明会典》中规定：公侯，前厅七间或五间，两厦九架，造中堂七间九架，厅堂七间七架；一品、二品官，厅堂五间九架；三品至五品官，厅堂五间七架；六品至九品官，厅堂三间七架。明清对瓦的使用规定：琉璃瓦一般只用于宫殿和皇家大寺、坛庙、园林建筑及亲王府第，黄色琉璃只限于帝王（包括享受帝王尊号的神像）的宫殿，其余为绿色琉璃瓦，官民房屋坛垣不许擅用琉璃瓦、城砖等。当然，观赏性的园林建筑属于杂式建筑，主要用攒尖顶，一般不受等级限制。

风景园林建筑布局，“以礼盒天”“体天象地”是园林建筑布局的原则，传统文化中，“天”是统治宇宙万物的至上神，居住在紫薇垣星群之中枢（北极），是天心的标志，

"像天"就是以想象中的天宫秩序为蓝本，建造宫苑。如北京故宫，称为紫宫（后改为紫禁），乾清宫为皇帝寝宫，象征北极帝星，进入皇宫前必须走过象征北斗七星的七座宫门：正阳门、大明门（大清门）、天安门、端门、午门、太和门、乾清门，最后进入乾清宫。颐和园以万寿山为中心，从万寿山最高处的建筑智慧海顺次而下，是佛香阁、德辉殿、排云殿、排云门到云辉玉宇坊，构成一条中轴线。排云殿是万寿山正中的一座主殿宇，殿前排云门前牌楼题额"星拱瑶枢"，即众星拱卫着北极星之意。

风景园林建筑的小品，包括门洞、花窗、铺地、宝顶等，其形状基本为方形、圆形、三角形的变化组合，源自天体符号和自然物体符号，代表了宇宙的基本图形，诸如天、地、日、月、北斗星、飞云、冰纹、雪花、山脉、流水、灵芝、葫芦等，成为美的标准。圆者为天体象征，源于日崇拜，由圆形演变成的扇形、梅花形、双环形、菱花形、如意形、葵花形、海棠形等窗洞；由日月直接取像的月洞门、片月门、地穴门洞等，给人以饱满、充实、亲和、活泼动感和平衡感。方者为地的象征，源于地崇拜，由方形演变成的长方形，给人以单纯、大方、安定、永久之感；方圆结合乃为天地之交感，如长八方式、执圭式、莲瓣式、如意式和贝叶式等。葫芦则反映了中国哲学中关于宇宙发生论的观念，混沌世界物化为葫芦，从中央剖开而分天地、阴阳；远古洪水发生之时，葫芦成为伏羲女娲的方舟，同时葫芦还是女性（母性）、子宫、人体、多子、救生、仙境（壶中仙境）等的象征。

风景园林建筑装饰，主要指分布在裙板、绦环板、屏壁、罩心、天花、藻井等部位的雕刻彩绘图案，题材包括动物、植物、自然物、几何图案、文字等。装饰的品类、图案、色彩等反映了大众心态和法权观念，也反映了民族的哲学、文学、宗教信仰、艺术审美观念、风土人情等，内容包括原始宗教和图腾崇拜，如中国的四灵：麟、凤、龟、龙，都是由远古图腾崇拜演变而成的理想动物；基于谐音原理的吉祥符号："六（鹿）合（鹤）同（桐）春""福（蝠）禄（鹿）寿禧""连（莲）年有余（鱼）"等；植物吉祥图案，如牡丹象征富贵、菊花长寿、石榴多子、蔓草象征福禄绵绵、万年青象征青春永葆、荷花象征高洁等；植物组合成吉祥图案，如佛手、桃子和石榴组合成"三多"，即多福、多寿、多子，芙蓉、桂花、万年青组成"富贵万年"的图案，芝兰和丹桂齐芳比喻子孙发达等；植物和动物图案结合表示祥瑞，如瓜、蝴蝶，寓意瓜瓞连绵，天竹、地瓜，意谓天长地久等；书法绘画，如匾额、对联、石刻、书画等。

（三）园林植物文化

在中国传统文化中，花木是人们寄寓丰富文化信息的载体、托物言志的媒介和文化符号，园林广泛采用诗画艺术的比拟、联想等艺术手法，借花木的自然生态特性赋予人格意义，借以表达人的思想、品格和意志，常用的有松柏、梅、竹、荷花、山茶、牡丹、月季、海棠、菊花、柳树、杜鹃、水仙、桂花、兰花等。

二、制度

制度，是人类社会中的行为准则，也指在一定历史条件下形成的法令、礼俗等规范或规格，因此制度包括约定俗成的道德观念、法律、法规等。

中国的宗法制，从商代开始实行，到西周已很完备，皇帝是天之骄子，又是天下最大的宗主和教主，集政权、族权和神权于一身，帝制在中国维持了数千年之久，在大一统思想的支配下，制度文化一般通过行政手段强行实行，作为文化传统的核心，深刻影响并建构了中国人，特别是士大夫阶层的思维方式、价值观念、伦理道德等，因此，无论是中国的城市、聚落和住居空间的组织原则，还是古建筑的形式、建筑材料、装饰或建筑的某些特征，都可以找到等级制度影响的痕迹，如建筑的规格、材料、颜色、开间等都须严格按等级制度进行。

西方规则式园林，着重表现的是君主统治下的秩序，是庄重典雅的贵族气派，是完全人工化的特点。花园本身的构图，体现出专制政体中的等级制度，在贯穿全园的中轴线上，加以重点装饰，形成全园的视觉中心；最美的花坛、雕像、泉池等都集中布置在中轴上；横轴和一些次要轴线，对称布置在中轴两侧；小径的布置，以均衡和适度为原则，整个园林处在条理清晰、秩序严谨、主从分明的几何网格之中；各个节点上布置的装饰物，强调几何形构图的节奏感，使中央集权的政体得到合乎理性的体现。

三、民俗风情

一个地区世代传袭、连续稳定的行为和观念，形成了这个地方的传统习俗、民俗风情，它反过来又影响着人们的生活、居住环境、建筑、服饰等，如藏族林卡（园林），是藏族心中理想景观的现实产物，有着独特的艺术形式，林卡依托大面积的绿色自然环境，形成以非规则式布局的自然风景式园林。其他如大理白族、丽江纳西族、西双版纳的傣族等，不同地域环境的民族，为适应地理气候环境的需要，产生了不同的民俗风情习惯，对人居环境的要求和喜好也完全不同。因此，在不同的地方做风景园林规划设计，必须了解该地的民俗风情，设计出符合该区域人民喜闻乐见的景观。

四、地域特色

地域特色，是当地自然景观与人文景观的总和，是当地自然条件和人类活动共同影响的历史产物。

自然景观，是地域特色的基础，构成人类行为空间的主要载体，主要包括：地形地貌、地质水文、土壤、植被、动物、气候条件、光热条件、风向、自然演变规律等。其中，地形地貌包括地势、天然地物、人工地物的地表形态，是体现地域特征、界线、功能等的主要载体。某一地域内的自然景观要素具有唯一性、不可复制性。园林的形式、风格、内容，在很大程度上取决于自然要素，如植物的种植、材料的运用、地形的改造等，不同的地域会形成不同风格的园林，如意大利、法国、英国、中国、日本等具有典型风格的园林，都与所处地域有密不可分的关系。

人文景观，是人类利用自然、改造自然的成果，也是自然作用于人类而表现出来的各种意识形态。人文景观要素的内涵是人类利用自然的最合理方式，包括居民点、城市、绿洲、种植园等;也包括社会结构、历史文化、生活方式、传统习俗、宗教形式、民族风情、经济形态等。

自然景观与人文景观在地域性景观中是互相依存的。人们利用自然景观，运用自然的机理，在遵循自然可承受力的基础上构建人文景观。无论是自然景观还是人文景观，都是包含着物质的形态与非物质的形态，它们共同作用于地域性景观，并最终表达出地域景观的特色。在景观表现日益同质化的今天，对地域特色的关注、提炼和运用，是园林景观特色的形成及设计创新的主要途径。

第三节 人体工程学与行为心理学

一、人体工程学

人体工程学，也称人类工程学、人体工学、人间工学或工效学。人体工程学是以人—机—环境的关系为研究对象，采用测量、模型工作、调查、数据处理等研究方法，通过对人体的生理特征、认知特征、行为特征以及人体适应特殊环境的能力极限等方面的研究，最终达到人们安全、健康、舒适的生活和工作效率的最优化。人体工程学在风景园林设计中的作用主要表现在以下几个方面。

（一）以人为本的原则

“以人为本”是园林设计的基本原则之一，运用人体工程学可以密切环境与人的关系，通过对人体特征及活动规律的深入研究，可以加强环境的有效利用，使园林设计更加科学、合理，如园林道路的便捷通畅、栏杆的安全美观、坐凳的舒适等基本要求。

（二）使用功能的量化分析

在园林设计中，通过人体工程学的相关原理，对公园、广场、居住区等人员构成比较复杂的区域，进行功能需求分析，包括人在环境中的运动状态、功能需求、使用频度、使用顺序等，在量化分析成果的基础上，有针对性的进行园林环境的设计。

（三）设计舒适的环境条件

人的感觉能力存在一定的差别和一定的限度，人体工程学就是从一般规律着手，研究其特性、共性，制定相关的原则，包括人的视觉、听觉、嗅觉、触觉系统等与环境的关系。

视觉系统，环境对人所产生的作用，绝大多数是通过人的视觉实现的，了解人的生理结构、视觉特征与视野范围，可以获得最佳视觉效果的途径，并满足人的心理需求，如最佳视距为视高的1~3倍，最佳视宽为60° ~90° 。

听觉系统，人耳作为听觉系统包括两种功能：一是获得声音功能，二是寻求平衡与确定位置的功能。园林设计中听觉设计包括晨钟暮鼓、柳浪闻莺、八音涧、听松风处、背景音乐等。嗅觉、触觉系统，园林规划设计中在嗅觉方面的考虑，如栽植桂花、兰花、缅桂等香花植物，能大大改善和提高环境的质量；在触觉方面，通过设计材质的丰富变化，使人感受到不同的材质具有不同的特性。在园林设计中，与人体接触的部分，如桌凳、亭廊等，用具有亲切感的木材，给人舒服的感觉。

（四）为室内外家具设计提供依据

室内外家具作为一种实用的生活器具，不仅仅能坐、能躺、能存储物件，更应坐得舒服、躺得舒适、存储合理等。运用人体工程学，通过测量手段，可以使人体对空间尺度的需要得以量化，如座椅的高度、宽度、椅背的角度，写字台的高低、长宽，石桌凳的大小，床的宽度、高度等，一切与人密切相关的器具都必须以人体工程学为依据进行设计。

（五）为园林建筑设计提供依据

在园林建筑方面，建筑的外部、内部空间主要为人所使用，其设计与人体工程学有密切的关系，如室内外的台阶，其高宽、防滑、扶手、安全性等，栏杆设计会出现安全高度不够、缝隙过大、受力稳定性、边角转角的圆润，门、窗的高度、宽度，建筑材料的质地、色彩，建筑的层高、采光、通风、空间大小，室外水体的深度……都是设计中“以人为本”的重要环节。

（六）无障碍设计

无障碍设计强调在科学技术高度发展的现代社会，一切有关人类衣食住行的公共空间环境以及各类建筑设施、设备的规划设计，都必须充分考虑生理伤残、缺陷者和正常活动能力衰退者（如残疾人、老年人）的使用需求，配备能够应答、满足这些需求的服务功能与装置，营造一个充满爱与关怀、切实保障人类安全、方便、舒适的现代生活环境。

园林设计主要包括无障碍设施和无障碍环境。无障碍设施主要是园林建筑物、道路的无障碍设施；无障碍环境包括交通工具无障碍、信息和交流无障碍，以及人们对无障碍的思想认识和意识等，如步行道上为盲人铺设的走道、触觉指示地图，为乘坐轮椅者专设的卫生间、公用电话、兼有视听双重操作向导的银行自助存取款机等。

总之，掌握人体工程学不仅能为园林设计提供了一些依据和方法，更重要的是应该认识到："以人为本"贯穿在与人相关的任何设计环节之中，任何设计都必须在充分考虑"人"的基础上进行。

二、行为心理学

行为心理学是心理学的流派之一，所谓行为，就是有机体用以适应环境变化的各种身体反应的组合。人在环境中的心理需求主要包括安全需求，归属与爱、尊重的需要，自我实现的需要。

（一）安全需求

人在任何时刻、任何地点都需要得到保护的空间，无论是暂时的还是长期的。在空间中，人们总是设法使自己处于视野开阔，但本身不引人注目、不影响他人的位置，即对空间的利用总是基于"接近——回避"的法则，任何活动的开展都是在保护自身安全的条件下进行的，这是人们普遍具有的一种习惯。在园林设计中，坐凳的后面设置景墙、绿篱、栽种乔木等可以给人以安全感，上座的频率会更高。

（二）归属与爱、尊重的需要

在安全需求得到满足的情况下，人们自然而然要追求归属与爱，以及尊重的需求，即想要被集体所接受并能感受到爱。在园林环境设计上，加强人群的归属感，可以加强向心性的设计，这种向心性并非仅指形态上的向心，更重要的是文化上、社会上、心理上的向心与趋同，如在环境设计中设置合理的私密性空间、半私密性空间与公共性空间，使每个人都可找到符合自身需求的空间或环境，促进人与人之间的交往，让环境充满亲切感，充满生机勃勃的景象。

（三）舒适感的需求

舒适的感觉包括物理与生理两个方面。不同的环境，大众对其舒适感的要求不同，一般而言，舒适环境的因素包括空气清新、没有污染和臭味，安静、没有噪声，景观自然而整洁，有丰富多彩的绿化，与水景亲近，具有一定的历史文化内涵，有适于人们散步、休闲的场所和空间，有游乐设施、卫生间、标识齐全等完善的服务设施。园林设计中应避免空无一物的大广场、大空间，而应多设计一些设施齐全、功能多样、安静宜人、舒适的小空间或场所。

（四）方向感的需求

心理学家认为，判断自身所在环境中的位置，即方向感，是人类最基本的需要之一。

人在一个陌生的环境中时，总是习惯根据地图或周围的其他事物来判别方向，找出行动的依据。因此，在园林设计中，应设计完善的标识信息系统、具有识别特征的建筑、指示牌和位置示意图，使园林空间具有可供识别的信息，人们可以根据这些信息，判断所处的环境。因此，园林环境清晰的方向感，可以增加人的安全感、愉悦感和场所的可接近度。

（五）公共性的需求

对空间公共性的需求主要体现在人际交往上，增进彼此间信息、思想、情感的沟通。体现在园林空间环境中，是大众对交往空间的需求，因此设计应设置不同层次的交往空间，如私密、开敞或半开敞空间，以满足不同人群对空间场所的需求。

（六）私密性的需求

私密性，是人类一项基本需要，这一点已被人们看作是培养人的个性，积极维护自我形象的一个组成部分。私密性具有的 4 种作用：①使人具有个人感，可以按照自己的想法支配自己的环境；②在他人不在场的情况下，充分表达自己的情感；③使人得以自我评价；④具有隔绝外界干扰的作用，而同时仍能使人在需要的时候保持与他人的联系。因此，在园林环境空间的设计中，常常通过局部空间的凹入、围合、视线遮蔽等，来实现人对私密性空间的需求。

（七）领域感的需求

领域是人占有、控制的一定空间范围，是为个人或群体提供的可控制空间。占有领域有助于肯定一个人的身份，为其提供生活、学习、休息的场所，有助于提供安全感和环境刺激、肯定个人在群体中的地位，以加强归属感和邻里间的认同感。根据对个人空间进行一系列的实验与解释，人类学家霍尔将人与人之间保持的空间距离分为 4 类：①亲密距离（0~0.45m），在此距离中的个人空间受到干扰，有很大程度的身体接触，能感受到对方的呼吸、气味；②个人空间距离（0.45 ~ 1.03m），能够较好地欣赏对方面部细节与细微表情，多为朋友和家庭成员之间的谈话距离；③社会距离（1.30 ~ 3.57m），是朋友、熟人、邻居、同事之间日常交谈的距离，接触双方不扰乱对方的个人空间，面部细节被忽略；④公共距离（大于 3.57m），交往不属于私人空间，细节看不清楚，多用于单项交流的集会演讲。霍尔认为个人空间受文化种族、年龄性别、亲近关系、社会地位、个性、环境以及个人情况的不同而有所区别。园林环境的设计时，应当考虑不同的使用者对不同空间类型、层次的需求，以多样化的形式、主题满足不同人群的复杂需求，从而达到自然、社会、生态环境的整体和谐。

（八）自我实现的需要

从心理层面分析，自我现实即自我的发展与完善个人潜力的发挥。人天生有一种渴望被他人关注的愿望，希望吸引他人的目光，得到他人的欣赏和赞同。比如广场中年轻人玩滑板、溜旱冰、进行球类运动等，中老年人跳舞、吹拉弹唱、表演等，都需要人群的共同参与，需要别人的欣赏和喝彩，这就需要在园林设计中，考虑开辟较大的供人们活动参与且开放的地带，或是专门的表演台，具备显眼、开放条件，周围有足够的供观赏者驻足的空间。在园林设计中，以人为本、分析大众行为心理，设计出满足大众需求的人性化环境，是设计的最终目的和意义所在。

第四节　生态学理论

生态学是研究生命系统与环境系统之间，相互作用规律及其机理的科学。现代园林规划设计的方向之一就是生态园林，即根据生态系统的原理，通过人工模拟或恢复自然生态环境，产生一定的生态效益、节约能源消耗、维护生态环境，使园林环境既有空间的艺术性，又能实现资源与环境的可持续发展。生态学理论主要包括生态平衡、生物多样性、景观生态学、化感作用、恢复生态学等相关理论。

一、生态平衡理论

生态平衡是指自然生态系统中生物与环境之间、生物与生物之间相互作用而建立起来的动态平衡联系，又称“自然平衡”，在自然界中，不论是森林、草原、湖泊……都是由动物、植物、微生物等生物成分和光、水、土壤、空气、温度等非生物成分所组成，每一个成分都并非孤立存在的，而是相互联系、相互制约的统一综合体，它们之间通过相互作用达到一个相对稳定的平衡状态，称为生态平衡。生态平衡具有动态、相对平衡的特点。园林规划设计的基本原则之一就是生态平衡原则，即维护生态系统的能量、物质、结构平衡，通过人工组建植物群落的构成、结构和布局，发现植物群落的生态作用，创造良性发展的生态因子。特别是在大尺度、宏观的区域绿地规划中，一定要充分运用生态平衡理论，综合考虑其周围的植物、水系、所在地形、所属城市功能区等各种要素，同时还要考虑其中的植物配比是否因形就势、因地制宜、是否需要限制环境容量等，以维持其系统的稳定性，保障大众的健康、安全，促进人与自然和谐发展，区域内环境生态效益得到体现。

二、生物多样性理论

生物多样性，是指一定范围内多种多样的有机体（动物、植物、微生物）有规律地结合，构成稳定的生态综合体。在园林规划中，生物多样性主要体现在物种多样性、景观类型多样性、形态结构多样性、植物功能多样性等方面。

物种多样性，指利用不同植物的合理化配置，充分利用不同的资源条件，因地制宜，相得益彰，同时避免了自然灾害或者病虫害的单一、毁灭性侵害，增强植物群落的抗逆性。不同植物绿化功能的相互协调、组合优化，更有利于增强园林景观的功能性、实用性、观赏性和有效性。园林植物配置中，应该尽量多地种植不同种类的植物，才有利于物种多样性的形成。

景观类型多样性，是指景观要素构成的复杂度和丰富度。一个景观类型内部不仅要有不同的环境要素，比如山、水、草、林的设置，还要有不同要素为主体的景观类型，如广场绿地、森林公园、水上乐园等，景观类型的多样性同样满足了人们审美、生活、娱乐的需求。

形态结构多样性，是指通过不同生态型、生活型植物的合理搭配，使植物错落有致，造型独特，通过人们视点、视线、视域的改变，产生“步移景异”的空间变化，同时合理利用不同层次的空间资源、光照资源、养分资源、水分资源，实现能源的高效利用。

植物功能的多样性，是指通过具有不同生态功能的植物组合搭配，改善局部小气候，影响城市热岛的分布格局，降低大气挟菌含量，净化气态污染物，营造出适宜人类居住、游憩、观赏的风景园林植物景观。

因此，在风景园林规划设计中，首先，必须充实园林系统的生物多样性，丰富的物种有利于形成稳定的群落结构，满足多层次、多角度的审美及景观类型设计的需要；其次，要构建不同生态类型的植物群落，发挥各功能群落之间的共生互补作用，达到生态系统的平衡。

三、景观生态学理论

景观生态学，是以异质性景观为研究对象，探讨不同尺度上景观的空间格局、系统功能和动态变化及其相互作用的综合性交叉学科，同时也是一门以景观多样性保护、人与自然和谐与可持续发展为目的开展景观评价、规划与管理的应用型学科。景观的基本结构由斑块、廊道、基质组成。城市环境是一个由基质、廊道、斑块等结构要素构成的景观单元，其中各组成要素之间通过一定的流动产生联系和相互作用，在空间上构成特定的分布组合形式，共同完成城市系统所承担的生产、生活、还原、自净等功能。

斑块，是指与周围环境在外貌或性质方面不同，但又具有一定内部均质性的空间部分。城市环境中，绿地就是一种斑块。绿地斑块的大小、数目、形状、位置不同，其生态功能也不同。斑块较大，物种相对较为丰富，有利于调节城市气候，保护物种；斑块较小，增加景观异质性，满足景观规划设置多方面的需要。实际的园林规划设计中，可以大斑块为主，小斑块为辅，创造良好生境，增加景观的功能性。

廊道是指景观中相邻环境的不同线状或带状结构；廊道在生态系统中将不同大小、功能的斑块互相连接，形成连续的生态网络，方便物种的迁徙和沟通，如城市环境中的绿带、蓝带，起到了既联系又划分城市空间的作用。

基质是指景观中分布最广、连续性最大的背景结构，如城市环境的建筑和铺地，由斑块和廊道构成的绿地生态系统，能够起到掩盖建筑物基质的作用，作为背景，它控制影响着斑块之间的物质、能量交换，强化或缓冲生境斑块的“岛屿化”效应，同时控制整个景观的连接度，从而影响斑块之间物种的迁徙。

在中观、宏观的园林规划中，应充分利用景观生态学的原理，在满足艺术性和观赏性的同时，遵守“斑块—廊道—基质”的理论，在景观之间、物种之间相互连接、聚集和分散，类型之间协调、和谐、相容，功能之间互相匹配，达到生态系统的平衡、稳定和交流的目的。

四、化感作用

化感作用（相生相克、异株克生、他感），指植物通过向环境释放特定的次生物质，从而对邻近其他植物（含微生物及其自身）生长发育产生有益或有害的影响。植物通常会通过茎、叶、根向空气或土壤中挥发化学物质，一些腐烂的枝叶也不断向环境释放化学物质，这些物质对周围植物起促进或抑制的作用。

在园林绿化中，可以利用植物的化感作用来合理进行植物配置，围绕植物相生相克的特点设置不同的植物群落组合，尽可能创造满足优势种的物种配比，协调各个植株之间的生长平衡，同时还可利用对杂草的抑制作用来防除杂草，更好地发挥生态园林对环境的保护功能。

五、恢复生态学理论

恢复生态学是研究受损生态系统退化的原因和过程，修复和重建适应于当地自然环境、符合可持续发展需要、能够自我维持的生态系统的理论和技术的学科。恢复生态学涉及自然资源的持续利用，社会经济的持续发展，生态环境、生物多样性的保护等内容。

恢复生态学在现代风景园林中应用较多，包括水体净化与循环利用系统、土壤净化恢复处理系统、工业废弃材料处理系统等，如德国杜伊斯堡公园建造的“金属广场”，就合理地利用了原工厂生铁铸造区遗留下来的 49 块大型钢板，成功地转化为工业景观的一部分，与周边废弃的工业设施和谐融合；上海世博园区后滩公园以“双滩谐生”为结构媒介，结合黄浦江区位、水文气候特征，通过将人工调控与自然调控相融合，保护和恢复湿地、土壤及动植物群落，使之成为颇具特色的城市湿地公园生态景观。

现在的风景园林规划设计，正在走生态环境与人类发展和谐共生的双赢道路，因此，设计中充分渗透融合生态学的相关理论，综合、协调多学科、多角度的需要，综合考虑当地的土壤、水体、气候条件，充分利用现有资源，着力减缓和防止自然生态系统的退化萎缩，恢复重建受损的生态系统和生态环境，实现资源的充分利用和生境的可持续发展，是园林设计师未来长远而艰巨的任务。

第三章　风景园林设计方法

第一节　地域

一、概念

地域，通常是指一定的地域空间，也叫区域。其内涵是首先具有一定的界限，其次在地域内部表现出明显的相似性和连续性，第三地域具有一定的优势、特色和功能，第四地域之间是相互联系的，一个地域的变化会影响到周边地区。总体而言，地域是反映时空特点、经济社会文化特征的一个概念。它是经济地理学和文化地理学中经常用到的核心概念。因为，一个有意义的地域概念，必须是自然要素与人文要素的有机融合。因此，从这个意义上来考察，人们心中的地域概念实质应该是一种功能性的界定。

二、主要特征

地域是由于人类对时空、人类活动因素、自然条件与人文条件的综合认识，因此，其地域所表达的特征是比较明显的。

（一）区域性

区域性是人们界定一个地方的主要依据。每一个地理事物，每一件地理事件，都发生在一个具体的时空范围内，见证于具体的人群。因此，区域性就成为地域特征的一个标志性特点。例如，长阳巴山舞蹈的兴起与传播就带有明显的区域性特点。

（二）人文性

人们研究一个地方的地域特色，首先是看重人文性。人文性成为人们研究一个地方的重要吸引力。可以这样说，只要人的意识所到之处，并与现实物质存在发生关联，它就在某种程度上预言了某种或者多种可能的人文性。地域文化特色也主要就是在基于自然条件的基础上去深刻把握人文要素的突出内涵的。因此，地域的另一个突出特点是鲜明的人文性。否则，人类所从事的一切地域活动就没有任何意义。正像天生的各种非意识物体生在世上不知为何一样。所以，从这个意念上来看，地域的人文性就是人类所体现的比较科学的意识行为。它包括了物质的或者非物质的行为。

（三）综合性（或者系统性）

地域反映的事物或者关系往往是一个关系或者实体错综复杂的综合体。单一的地理物或者事件等不能形成地域空间。比如，人们一谈到埃及，不仅涉及它的地理位置、自然要素、人口、资源等要素，也包括了它的兴起、发展等历史要素，创造的诸多文明等内容。因此，人们在研究一个地域空间时，往往需要用综合的眼光来看待分析，才会全面科学生动地把握其各种要素。

当然，地域还会有其他特征，如历史性、差异性等。认识这些特点，有助于人们更好地认识一个地域空间，有助于更好地从事各种地域活动。

第二节　地形处理

地形是处理景观设计的构成基础，包含陆地和水体两个部分，其处理结果直接影响景观设计的性质、功能、形式以及景观效果，同时影响交通道路系统的设计以及建筑物与构筑物的设置，因此，地形设计是景观设计的重要组成部分，是能够影响整体设计的关键步骤。

一、陆地

在景观设计中，按地质组成和标高来划分，可以分为平地、坡地和山地三种类型。其中平地和坡地一般在中小型的景观设计中应用较多，如城市内部的公园、居住区、广场以及以娱乐为主的公园等，山地在中型以上的设计中应用较为广泛。如大型的山地公园、植物园以及区域性的生态保护区以及国家公园等。

（一）平地和坡地作用与设计注意事项

1. 平地的处理

平地在景观设计中应占有面积的 30% 左右，用以满足人们集中进行活动的需求，比如进行娱乐活动，所谓平地设计是指包括 5‰排水坡度的地面，利于排水。在平地面积较大的区域，可以设计成 1%~7% 的缓坡来增加设计的趣味性和利于排水。坡地的坡度要在土地的自然安息角内，一般是 20%，在有草地护坡的情况下最多也要不超过 25%。

2. 平面地面处理的几种类型

① 植被地面。包括草坪、草地、稀树草地以及疏林草地，根据种植类型的不同可

以建成以观赏性为主的景观和以进行人为活动为主的活动型景观类型。

② 铺装地面。包括道路以及广场，可以依据设计位置设计不同的铺装类型，如主干型道路和小径的铺装应按照其功能加以区别，广场的铺装可以根据设计需求采用不同的材质以及丰富的铺装手法，规则型铺装和不规则形铺装均可。但要注意地面铺装在整体面积中不宜过多，要通过巧妙的设计手法一方面突出自然生态的意境，另一方面可以节省资金。

③ 沙石地面。在设计中利用天然的岩石质地为基底，上面用卵石或者砂砾找平，用以防止地表径流对土壤的冲刷，可以作为建设游人活动场地或者休憩场地。

（二）坡地

① 缓坡。平地与陡坡的过渡区域，坡度为 8%~12%，一般可以作为活动场所，如观景。

② 陡坡。平地与山地的过渡区域，坡度为 12% 以上，为了保持水土，常用的景观设计方式为配置大量灌木或者山石来进行应用。

二、山地

在自然山水园的设计中，山地设计是最重要的部分，尤其是中式的景观设计讲求“师法自然”，就是利用原有的地形、土方、植物等要素，经过适当的人工改造而成，一般低于总面积的 30%，在中国现存的很多著名的园林中如苏州的拙政园，就是利用挖湖的土方进行人工堆山，再有北京的颐和园，利用原有地形，通过人工改造进行造景的方式，体现“虽由人做，宛自天开”的效果。

山地在使用功能上主要体现在观赏和登临两种类型，主要体现在高度的景观竖向设计上，在布局上往往作为景观的主体设计，与相邻的平地或者水面相互呼应，形成景观设计上的叠景、障景等各种观赏意境，在设计山地时，要注意两个问题：一个是山体的位置，在园林设计中，一般山体都是作为景观的中心，所以其他的景观都要和山体达成一定的联系，在视觉上造成有断有续、大空间和小空间的分隔，如北京圆明园里的湖面，在视觉上通过山体的起伏和遮挡形成了大开大合的效果，达到了让人心神激荡的目的；另一个是山体尽量不要设计成孤立存在的形式，要和周边的地形巧妙地结合，形成错落有致、连绵起伏的状态才能达到理想的状态，也更符合“虽由人作、宛自天开”的设计理念。

三、水体

在景观设计中，水作为一个重要的要素是必不可少的，可以说水是景观设计的灵魂，没有水的园林设计是枯燥的，纵观古今中外各种类型的造园设计，不管是西方的古典园林还是中国的皇家园林，即便是小巧的私家园林也是要引水入园，铸造灵气，流动的水更是能够带来活力，营造生动的氛围。

（一）水体的作用

① 具有降噪和提高空气湿度和温度的作用，能在一定程度上加速制造局部范围的小气候，并可以净化空气。

② 具有养殖作用，水生植物在为鱼类提供食物的同时兼有观赏性和绿化作用，鱼类本身具有动态的观赏性，所谓“水不在深，有龙则灵”，环境能够左右人类内心的感受。

③ 具有储水功能，吸收积水，灌溉植物和农田。

④ 大型水面具有游乐功能，增加游园的项目。

（二）水体的种类

① 人工水体 喷泉、水池、壁泉、涌泉等，室内外都可以运用，如广场、居民区、商业区、大型商场等，依据面积可大可小，造型随意，让人流连忘返。

② 自然水体 江、河、湖、海、小溪、泉水、瀑布等，相比较人工式水体，这部分水体具有气势大、自然性强等特点。

（三）水体的相关设计

① 桥与汀步。在传统的景观设计中，通常是依据水体的跨度来进行桥与汀步的设计，水面大的建桥，水面小的建立汀步，但是随着审美与趣味性的设计需要，在现代园林设计中这两种形式已经不以水面大小来进行应用了。

② 堤岸。堤是指分隔大型水面的带状陆地，通常设计成道路，道路中央部分可设置成桥及涵洞用以连通水面，形成大小不等、形状不同的既有分隔又有联系的不同水体景观。道路上要栽植树木，并可以在堤上设置座椅、亭台、花架等公共设施，一方面可以起到遮挡作用，另一方面可以美化环境、营造气氛。岸指水体的边坡地带与陆地的连接部分，通常以地势的坡度作为设计的重点内容，坡度有缓坡、陡坡、垂直以及垂直出挑等形式，当岸坡角度小于土壤安息角时，通常要采用两种方式来进行防护：一种是种植草地或地被植物用以防止水浪或地表径流的冲刷，根系又可以起到稳固边坡作用；另一种是通过人工方式进行修筑，当土壤坡度大于土壤安息角时，要采用人工砌筑驳岸方式来进行保护。驳岸的形式有规则式和自然式两种形式，规则式驳岸是以砖块、石块、混凝土预制块等材料进行规则式砌筑，形状规范完整，自然式驳岸有相对自由的砌筑形式，高低错落，富于变化，通常为了打破枯燥的水岸线形式，可以在水岸凹凸处设计小型洞穴、石矶挑檐或种植植被等，增加水岸变化，使水岸增加趣味性和观赏性。当然在设计中也要因地制宜，灵活运用，比如在临水建筑部分，可以结合建筑基础部分进行规则式驳岸设计并与其他部分的自然式巧妙结合起来，更能增加水岸的可观赏性。

另外，依靠自然江湖水源的园林水体，要设有相应的进、出水口控制闸门，用以控制水位，保障水位不能产生漫溢和枯竭现象的发生，园中水位要以年平均水位为准。

③ 溪水与涧流。作为大水面的附属水系，在园林设计中适当地引入一些溪水和涧流是必要的，这些水体与人的亲和性更强，可以进行亲水活动，增加游园的趣味性和融入性。在设计中，要注意把握溪水的节奏，时快时慢，时急时缓，时宽时窄，更巧妙的是能够利用溪水的声音达到音乐一样的效果，涧水一般是垂直水景观的一部分，不仅可以与溪水上下连接，也可以与人工瀑布融为一体，作为补充增加瀑布的自然属性。这些水体最后都可以引入到河湖中，与河湖达成循环，当然这要靠人工来进行引入，具体的方法在施工课程里有具体介绍，这里不再累述。

第三节　空间

空间是一个虚词，要借助一定的实体才能体现，人们通常利用一定的围合来确定空间的私密性与开敞性，不同的空间给人的感受完全不同，在园林景观设计中，往往通过各种不同的活动需求（比如休息、欣赏、玩耍等）来设定不同的空间。

一、空间的特性

空间的本质是容纳性，即容积。它可以是边界限定的内部也可以是边界的外部，内部具有强烈的限定性，外部具有延伸感和扩张感，甚至可以驱使外向运动直至更远的外围边界或更远。

限定空间可以是静止的，也可以是流动和起伏的，可以独立地存在、自成一体，也可以成为人或者事物的背景。

空间可以设计成用来激发特定情感的固定场所，也可以与其他空间或物体相联系而成为复合空间。比如与近处的建筑、远处的街道、作为背景的连绵山脉或者天上的云霞遥相呼应，这就形成了一个复杂的也是妙趣横生的复合空间，正是这样一个复合空间在一定程度上把多种空间要素组合成为了一个统一、连贯的整体。

空间的变化可以是从大到小或从小到大，如圆明园“福海”的设计，用“一池三山”的意境，在造园处理上运用时开时合的设计手法，给人以豁然开朗或骤然紧张的大起大落的情感变化；空间也可以是从动态到平静，从简单到精巧，从轻松到沉寂，从粗犷到精致等，空间的尺度、形态、特征是不断地进行变化的。因此，我们在进行空间的特定功能的设计时，首先要确定那些最为突出的、需要特定表达的空间特征，并要着重地展示它们已达到与其他空间不一样的唯一空间特性。

二、风景园林空间类型

（一）风景园林的开敞空间

一个空间的确定要通过基底、垂直面和顶面来划分，基底、垂直面和顶面称为空间围合的三要素。在室外空间中，基底就是地面（包含自然地面和人工地面），垂直面可以是植物、墙体、建筑、地形、廊、柱等要素，这些不同要素的高度与人的视角还会产生一定的视觉差异进而影响空间的限定，称为相对高度和绝对高度。相对高度是指构成垂直面的实际高度与人的视距的比值，通常用视角或高宽比 D/H 表示，绝对高度是指垂直面的实际高度，高于人的视角的垂直面空间的围合性强，反之就弱，顶面可以是天空也可以是建筑或者是高大的植物的视觉围合，所谓视觉围合就是能够起到限定空间作用的合适尺度。好的园林空间设计都是采用高低错落、围而不合、时开时闭的空间形式来取得的。

（二）风景园林的封闭空间

封闭空间指视觉上通过空间三要素而形成的相对封闭的空间或通过人工建设形成的完全封闭空间。相对封闭空间如广场、游乐园，完全封闭空间如网球场、足球场等，这种封闭空间具有一定的私密性，利于开展统一活动。

（三）风景园林的混合空间

在风景园林设计中多数都是运用混合空间的形式来进行设计的，通过开敞空间和闭合空间的巧妙结合，围而不合，合而不闭，既独立又相对联系。让人体会“山青水复疑无路，柳暗花明又一村”的奇特的景观效果。

三、风景园林空间特征

从风景园林设计这个角度来说，风景园林空间特征有风景园林地域特征、风景园林功能特征、风景园林人文特征、风景园林生态特征和风景园林美学特征。

（一）风景园林地域特征

在风景园林设计中，不管有多少种方法可以让学习者拿来借鉴，最终都是要针对实际的区域来提出设计方案，也就是我们常说的基质特征和斑块特征，所谓基质，即设计区域的地形、土壤、植物、水体等要素的自然情况。所谓斑块，即风景园林中的历史印记和画面。它可以分为自然斑块和历史斑块等，自然斑块是指在景观场景中的自然树林、河流等元素；历史斑块是指具有纪念价值的历史遗迹等元素。这些都是现代生态园林景观设计中的“原生元素”。风景园林设计师设计现代生态园林景观，应该多加利用这些“斑块”，在此基础上再进行创作发挥。这样，不仅能够节省建设成本，还能很好地保护原有的生态系统。

（二）风景园林功能特征

不同的风景园林环境可以为人们提供不同的场地和服务，比如游乐场地满足玩乐的需求，广场满足人们集散的需求，花园满足人们欣赏的需求，运动场满足人们运动的需求等。当然，在风景园林设计中，这些不同的功能需求也可以通过一定的设计形式联合起来，形成既有联系又各自独立的空间。

（三）风景园林人文特征

人文景观，又称文化景观，是人们在日常生活中，为了满足一些物质和精神等方面的需要，在自然景观的基础上，叠加了文化特质而构成的景观。它依据不同国家、不同地区、不同种族、不同文化、不同历史等因素，每个区域都会有各自的区别于其他区域的人文特征，在景观设计中要善于把握和利用这些不同因素，充分地反映这个区域的特征。

人文景观的共同点有以下 4 个方面：

① 具有旅游特色；

② 具有一定的历史积累；

③ 具有一定的文化内涵；

④ 具有多种表现形式，可以是实物载体也可以是精神寄托。

人文景观可以分为以下 4 类：

① 文物古迹；

② 革命活动地；

③ 现代经济、技术、文化、艺术、科学活动场所所形成的景观；

④ 地区和民族的特殊人文景观。

（四）风景园林生态特征

现代生态景观设计的核心理念是反映三个目的，即生态效益、经济效益和社会效益。首先，设计生态景观，要有一个可持续发展的概念，尽可能地利用当地的地形、材质、植物种类等，作为设计基本要素就地取材来进行设计，在尊重自然、保护自然、建设自然的基础上达到生态可持续发展的目的；另外，在设计中无论是规模大小，还是场地使用、人员活动等都要适当反映地域的实际情况（比如城市面积、人口数量、历史人文状况、植被覆盖率、风俗、特色等），在环境可持续发展上要尽量做到节能；其次，环境的可持续发展可以为人们带来不可估量的经济效益，比如开展特色旅游业，可以增加政府的财政收入，提高居民的经济收入和促进产业结构升级；同时，建设优质的生态环境可以改善人们的居住环境、清洁卫生、调节空气湿度、预防洪涝灾害等；只有获得必要的社会效益，才能够保证生态的良性循环。

（五）风景园林美学特征

所谓美学特征，即利用一定的美学原理，比如构图、层次、色彩、空间组合等。让设计力求达到与人的审美理想相统一或更高的状态，让欣赏者得到美的艺术享受。

园林景观从其艺术性表现的角度来说，是一种以人的审美意识为中心的环境感知，是一种建立在视觉感受基础上的审美意识和精神升华。我们说文学是时间的艺术、绘画是空间的艺术、雕塑是凝固的艺术，而园林景观是流动的艺术，即可“静观其变”，又可“步移景异”，无论是哪一种方式，都能够在时间的变换中给人以美的享受。造园艺术在其漫长的发展中，无论是中式的“师法自然、天人合一”，还是意大利的“台地式”、英国的“规则图案”、法国的“几何对称式”设计手法，最终都是以达到人的审美和娱乐为目的的。可见园林景观的设计与艺术设计是相通的，比如“红楼梦”里的大观园，造园完成后还要在所有的匾额上题上名字才算是圆满，把书法艺术和造园艺术进行了完美地结合。

园林景观设计的核心是规划设计，即用图文的表现方式来展示设计的成果，因此除了要有良好的手绘图表现能力、熟练的计算机绘图技能外，还要有扎实的文字功底，这些都是风景园林专业必须要掌握的学习内容。

四、风景园林空间尺度

（一）规划设计尺度

在规划设计的角度可以把景观设计分为六个尺度即在尼古拉斯 T 丹尼斯和凯尔 D 布朗所著的《景观设计师便携手册》上所阐述的区域尺度 (100km × 100km)、社区尺度 (10km × 10km)、邻里尺度 (1000m × 1000m)、场所尺度 (100m × 100m)、空间尺度 (10m × 10m)、细部尺度 (1m × 1m)。设计者只有具备对所有尺度的认识，建立一定的空间观念才能在设计中做到心中有数。

（二）社会距离

社会距离指人们在各种社会活动时需要保持的最小距离。根据社会活动的场所、场景和人物不同距离的尺度也不尽相同。比如亲密距离一般为 0~0.45m，指父母和子女或者恋人之间的距离；个体距离一般不低于 0.6m，否则会产生压迫感。另外，距离的大小要根据空间来设定，大空间里人之间的距离要求就大，反之则小。人的压迫感随着空间的大小而产生变化。

（三）人体尺度

人在活动的同时对面前的空间有一个合适的尺度要求，不同的活动内容对空间的距离要求是不同的，比如散步的前后最小距离要求是 10.5m 以上，购物的距离要求是 2.7~3.6m，公共集会的距离是 1.8m 等。具体的实际数据可参考《人体工程学》等相关书目。

五、风景园林空间设定

在园林景观设计中，要依据地形变化、空间大小、景观功能等条件进行独立的景观设计称为景观空间设定。在单一的空间设计中，要通过上面提到的基底、垂直面和顶面的围合形式来进行分类，通常由以下六种方式，分别是覆盖、设立、虚拟、围合、上升和下沉。

（一）覆盖

指有形的顶面所遮挡的下部空间，具有一定的高度，但不宜过高，能提供一定的独立范围如“树影”“亭”。

（二）设立

由具有明显高度的柱体所形成的边界不明显的空间，距离越近空间感越强，反之则弱。如“纪念碑”。

（三）虚拟

指在视觉上具有一定通透性的空间，可以增加空间的尺度感，尤其适用于小型空间的设计，如“植物分隔、水体分隔”。

（四）围合

垂直界面的空间运用，围合程度强，空间的封闭性就强；围合的程度低，空间围合性就低，并且与垂直面的高度有关，高于视平面的，围合封闭性强，低于视平面的或者平视的空间，围合封闭性低。

（五）上升

高于地平面以上，可以获得较高的视域范围。

（六）下沉

低于地平面以下，可以获得相对私密的空间。

室外空间设计中，基底就是地球的自然表面，表现为地表的土层厚薄不均、干湿不定以及植被不同等，我们在设计时要注意遵循场地的自然状况，在保证不破坏自然地表的基础上进行设计和调整。比如道路设计，要做到尽量顺应自然地形而建，否则必然会导致耗资巨大或拆东补西的恶性循环。另外，在受到影响的地表区域，一定要进行大量的植被覆盖以防止水土流失和美化环境。

垂直面可以是一切具有高度的景观要素，比如植物、墙体、建筑等。当然这些垂直面限定程度要取决于这些垂直要素的高度，而垂直界面的高度又取决于观者的视觉控制要素。这些景观要素作为空间的分隔者、屏障、挡板或背景，在创造室外空间的过程中具有不可忽视的作用。垂直面容纳和连接着各个空间，给人造成虚实相接、场景不断变化的精神体验。通过垂直面的障景功能，让景观中比较突出的要素利用规划的处理手法，把远景、地平线或遥远的天际线等展现出来，这些垂直要素可以将用地区域延伸至空间的无限。

顶界面是指塑造外部空间时，视线透过垂直面延伸到与天空相接的虚拟围合界面。当我们身处在开敞的室外空间时，也可以把天空当作顶界面，把流云和微风当作围合面内的景观要素。如果身处在比较狭小的室外空间中，那么天空就不适合作为顶界面，我们需要利用顶面围合的特点、形式、高度以及范围等要素来进行空间限定，比如覆盖面较大的树冠、藤架或者一根木梁等。事实上，具有一定高度的垂直面就可以限定出既定空间的顶界面了。

第四节　空间设计的艺术原则

空间的设计过程是一个系统的过程，一个组织的过程。我们要想创造出理想的外部空间，一定需要有组织它们的原则，这些原则要贯穿于设计的始终，即从概念性方案到最后的细化设计过程。这些原则使得人们在感到需要变化和新奇的同时，在规律和重复中寻找惊奇和令人满意的艺术效果。当然，美是一种精神的感受，这种感受程度与个人的认识和经历密切相关。下面就介绍几种空间设计要遵循的艺术原则。

一、统一性和多样性

统一即是在设计中把所有单个的设计元素联系在一起，让人们能够易于从整体上理解和把握空间中的所有事物。统一原则包括对线条、形体、质地以及色彩的重复，比如把空间中相似的元素连接成一个线性的组合时，应用统一的方法能够很好地解决这个问题，让空间既有分隔又有联系。

当然，一味地追求统一就会让空间流于平庸、单调而了无生趣，解决的方法是在统一的基础上进行景观的多重设计，比如引入一个水体，在引入的过程中，适当地设计几种不同的水体样式如瀑布、溪流、跌水等，让水面时而窄小、时而宽阔，那么就能打破水的单一印象，让景观生动起来。

二、主从原则

主从原则是指在一个整体中，各部分之间在统一的基础上要有所区别，包括大小对比、形式对比、面积对比、色彩对比、位置对比等，要让人从视觉上感受到彼此的区别，进而引起人们探知的兴趣。没有主从区别就会流于单调，即便秩序感很强烈，仍然让人感觉毫无兴趣。

在园林景观设计中也要有明确的主从关系，比如在公园中要有主要的景区和次要的景区主要景区无论是从规模、基地处理、植物种类、园林建筑等都要与次要景区有所区别，突出主题和重点。

三、均衡与稳定性原则

均衡指形体各部分之间或一个整体空间的各部分之间的平衡关系，分为对称均衡和不对称均衡两种形式。

（一）对称均衡

有明显的轴线，形体在轴线的两边呈对称分布，这种由对称所产生的均衡称作对称均衡。这种对称均衡的形式具有严格的秩序性和稳定感，如法国、意大利等有许多古典园林都是运用这种手法，主题突出，给人以庄严、肃穆的感觉。

（二）不对称均衡

没有明显的中轴线，所有物体都是在不对称的情况下取得平衡。在园林设计中，体块大的形体如石块一般放置在离景观中心近的位置，体块小的物体一般被放置在离景观中心远的位置，这样取得视觉上的均衡。这在我国的传统造园手法中是最为常用的，以苏州园林为代表的江南传统园林和以北方园林为代表的圆明园、颐和园、拙政园等，都是以不对称的均衡形式存在的，园中的假山堆叠、水体流线、植物造景的布置等都是自然、轻松、随性的不对称形式来设计的。

在园林景观设计中，在构图中可以采用整体对称、局部不对称的形式或整体不对称、局部对称的形式进行综合运用，但要根据功能要求、因地制宜，不能为了满足形式需要而不顾大局。

四、对比与调和

对比即是强调差异，表现为两个或两个以上的物体所具有（例如材质、颜色、大小、曲直、质地、方向、虚实、明暗、疏密等）能给人强烈视觉感受的差异。把反差较强的两种要素和谐地配置起来，这种对比关系甚至能够让人感受到鲜明的统一感，即成功的对比。

调和即是强调相似，运用对比物体之间的相似元素进行调和，或者在物体之间同时加入一种元素进行调和，这种调和表现为渐变、连续的变化，另外，调和也可以表现为一种极为微弱的对比。

五、节奏与韵律

节奏和韵律是指同一要素按照一定的规律进行重复运动的律动感，条理清晰、线条连贯，重复性、连续性是韵律的特点。韵律按其形式特点，可以分为以下两种类型。

（一）重复韵律

指用一种或几种元素进行连续或者按照指定轴线重复排列而形成的一种组合关系。组合中的每个元素都要保持相同的距离和形态，这种连续可以无限延长。

（二）渐变韵律

指重复的每个元素在排列的过程中为了突破单调、乏味的视觉效果，按照一定的规律在某一方面或某几个方面产生变化，可以是距离、形态、色彩、方向、质地、高度等的变化。

六、比例与尺度

所谓比例是指自身的各个部分的长、宽、高之间的关系，通常用一个分数或者一个比率来表示，与实景大小一致的就是 1/1 或者 1 ： 1，是实景的一半大小则表示为 1/2 或 1 ： 2。比例的应用使大尺度的无法掌握的实景可以收纳在人为掌控的范围内，比如可以绘制一个区域、一个城市、一个国家或者更大的范围，为了将大尺度的场地放置于标准规格的纸张内，在景观设计中通常采用 1 ： 200 或者 1 ： 1000 的比例进行绘制，就是比实际尺度缩小 200 倍或 1000 倍。我们绘制的正投影图、平面图、立面图以及剖面图都是应用比例来完成的。决定比例关系的因素还有材料的性能、技术水平、形体构造、艺术形态、社会认知度等，比如就木质材料和混凝土材料来说，前者的比例关系就受到长度、粗细的制约，而后者制约性要小很多。

所谓尺度指的是自身与其他物体的对比关系，尺度适宜会感到舒适、愉快，尺度过小会感到压抑、郁闷，尺度过大会感到空旷、不稳定、孤独和恐惧。由此可得出结论，与人相关的内部空间的尺度极大地影响着日本的设计师在长期的景观设计中总结出来一种符合人体固有尺度和个性化特征的空间，但是这种空间具有的特定性让其只有在特定的情况下才能体现出它存在的意义。比如新宿 (Shinjuku) 皇家花园，所有的设施及景观设计都以“精致”著称，但是国王不在的时候，它的精致反而显得落寞而变成缺欠。美国的范思沃斯住宅，由于建筑四面的玻璃幕墙具有全透明的视觉观感，与室外的景观空间融为一体、一气呵成，它提供了一种内部空间和外部空间的平衡组合，使得两种空间互为补充、相得益彰，成为建筑的经典。

在设计中只有达到适宜的比例和尺度，才能做到让人感觉舒适，在微观和宏观的空间范围之间，我们可以将空间规划成无限大的形式，但要注意的是，空间的容积一定要符合所设计的各项指标的要求。

第五节　风景园林相关知识

一、风景园林与建筑

构成园林景观的最重要的一个要素就是建筑，最初的景观也都是围绕建筑而做的设计，二者相互补充，一方面是突出建筑的造型，另一方面是体现建筑所处的环境。只有将建筑和环境完美地结合起来，才能真正体现人类对于建筑的多重需求而不仅仅是为了建筑的保护和防御功能。建筑的多重功能还包括实用、宜人、私密、开阔感和欣赏，这就要求建筑必须要回到自然当中——即便是人工在城市中所创造的“第二自然”。

人类在日复一日的忙碌地工作中，内心总是渴望有一块可以放松的清净之地。地方不必太大，只要远离城市的喧嚣即可，庭院的一角或者绿意盎然的露台都可以是这样的地方，既可以与自身的生活空间彼此联系，又可以独立存在，可以静思、品鉴、眺望、欣赏自然等。

这就是人们内心对于自然的渴望。而只有将建筑与自然紧密地联系起来，才能让人们处于自然要素和自然环境中，并将自然带进我们的生活。无论是城市楼群、郊区住宅或者乡村小屋，每一种建筑类型在空间的处理上都有着可以让人接近自然的设计手法，比如屋顶花园建设的成功案例已经被人们认可并逐渐推广 ，但是这种方式并不是适用于任何地区；另一种案例是室内空间室外化，让室内空间向室外延伸，比如入口道路通向入口庭院、生活空间通向露台、游戏室通向庭院等，营造一种模糊的错觉，无形中增加了居住的尺度并满足了人们亲近自然的心理 。

另外，建筑的外部要有可提供人们活动的室外空间。这种空间可以小到楼间花园，也可大至运动场、游泳池或者是大片的可供人进入的绿地。无论用途如何，室外空间是人们生活中必不可少的场地，在对建筑和生活空间的设计中，要能真实地利用基地景观的特征和风貌，让其融合在一起达到浑然天成，才能让使用者真正地喜欢它。

二、风景园林与植物

植物构成了地球上生命的基本单位，在其生长、成熟、死亡、腐烂的过程中，给予了生态一个完整的循环系统，可以说植物是维系生态循环最为重要的一个因素。

在我们赖以生存的地球上，不论是海洋还是陆地，表面都是被薄厚不一的植被所覆盖着，并且植物是构成食物链的重要环节，为我们提供了必需的氧气和食物。因此，植物是形成人类生存环境的基本要素。

（一）植物的分类

植物按其生长类型和种类可以简单地分为乔木、灌木、攀藤植物、草本植物和地被植物 5 类，每一种类又可以进行细分，如乔木可以分为常绿乔木和落叶乔木，灌木可以分为观花、观果、观枝干等，也可以根据叶形、花貌、果实形状、树皮、生长地域等再进行划分，在园林景观设计中，要进行适宜的植物种类选择才能达到良好的构图效果。

（二）植物的配置

植物是构成景观设计要素的重要因素，可以说没有植物就没有美好的环境，随着季节的变化，植物或生机盎然，或色彩绚丽，都呈现出不同的季相特征，在设计中能够适当地进行植物搭配是保障设计成功的主要前提。

1. 孤植

主要突出植物本身的三维立体景观，一般为高大的乔木，展示为个体360度的美感，适合各个角度的审视，与建筑、道路、水体等要素一样可以起到创立空间、分隔空间、变化空间的作用，观赏者可以通过不同的视角和视距对空间产生“移步易景”的空间变换。一般应用在庭院、广场以及大块的空地上。在选择孤植种类上要选择冠型优美、高大、季相变化大的树种，如银杏、雪松、合欢等 。

2. 群植

在自然界中，任何植物群落都不是随意组合在一起的，而是在长期的历史进化过程中适应各种自然条件的结果，每个植物群落都有自己的特征，包括外貌、层次、色彩、结构等，植物群落的类型有林地、草地、疏林草地、灌丛、水生植物群落等，景观设计者要熟知这些自然的群落关系并在设计中加以运用，只有遵循这些自然植物群路的生长和发展规律才能做出适合生态发展的好的设计 。

（三）植物的人工干预手段

大自然中的植物是多种多样的，但在人类长期的生产和生活过程中，只是依靠自然的植物种类还不能满足观赏、改善生态环境、造景、挽救濒危物种等需求，因此需要通过人工的干预手段达到增加植物物种以达到人类需求的目的。比如人工培育的花卉可以延长花期、增加种类、改变花色等，这些无疑在景观设计的植物应用上更加丰富，效果更为突出。

1. 植物的培育

植物的培育手段包括植物繁殖、移植、养护等几个方面，其中植物繁殖分为有性繁殖和营养繁殖两类。有性繁殖指用种子培育新个体的过程，又称种子繁殖，特点是产苗量大、成本低、苗木对外界的适应能力强。营养繁殖是利用植物营养体（根、茎、叶）的一部分培育出新个体的过程，可分为扦插、压条、埋条、分株、嫁接等方式，特点是能完好地保持母体的原有性状，获得早开花结实的苗木。移植是在一定时期把生长拥挤的较小苗木挖掘起来，按一定的株行距在移植区栽种下去继续培育的方法。移植是培育优质苗木、提高苗木成活率的重要措施之一。景观设计师需要了解哪些植物适宜在特定的场地或者特定的场所生存，了解植物的培育方法是必不可少的。

2. 植物的养护

目前植物的养护要分级别进行，比如草坪的养护分为一级养护、二级养护和三级养护，一级养护是最高级别的养护，要保证草坪的高度一致，含水量适度，没有枯死和黄叶，景观设计者要了解怎样进行植物的养护以保证植物的成活率及造景需要。

3. 植物的造景

景观设计师了解了一定的植物种类、种植手段、养护方法，那么就可以利用植物来进行造景应用了。首先要了解所要设计的园林性质以及功能要求，比如综合性公园和某一种专属性的公园，在植物的选择上是不同的，综合性公园集休闲、运动、游乐、集散等多种功能，需要有大面积的广场和草坪，需要休息的疏林或者密林、需要有遮阳的高大乔木等，而专属性的公园比如儿童公园则不需要大面积的广场和草坪，也不需要单独休息的林地了。其次选取能够满足生态需求的植物种类，任何一种植物搭配都要符合一定的生态需求，让植物正常生长，另外要为植物创造适宜的生态环境，比如街面的行道树要选择成活率高、抗性强、生长快的树种，邻水要选择怡情宜景并耐水湿的树种。第三是艺术性原则，在符合前两种要求后就要考虑植物的艺术性了，它包括植物的形态选择、色彩选择、层次搭配、季相特征等特点的强化，要让植物与周围的景观或者建筑相得益彰，并且要考虑到不同植物的生长状况用以造景，比如速生植物和慢生植物的搭配效果，观花和观果、观叶等植物的搭配效果，让植物的美通过艺术的手法达到最大地释放。

三、风景园林与人

景观的清晰度与人的行为有着密切的关系，作为景观设计者要明确景观的使用者和景观的服务对象才能更好地把握景观的设计定位，比如居住小区的景观设计和高速公路的景观设计，由于服务的对象不同，设计也存在差异，居住小区要满足居民的休闲、娱乐、观赏等需求，设计要细腻、丰富并富有情趣，高速公路由于车行的要求只要有大面积的色彩、植物的整体高矮等粗犷的变化即可，因为在高速公路上车行最低时速为 60km/h，在这个条件下任何细腻的景致都是即闪即逝，所以不适合做精细的景观设计。相反，过于精细的设计反而影响开车人的心情进而发生危险。

第四章　风景园林工程规划

第一节　道路绿地工程规划

一、城市道路绿化

古代的城市大多规模不大、道路狭窄、建筑密度较高，路旁建筑的高度大体上已能够遮挡夏日阳光的直射。尤其像我国传统城市中的街道，两侧建筑出檐深远，因此道路绿化不多甚至不予绿化也不致使人感觉不适。到了近、现代，为提高交通能力，路幅被逐渐加宽，车辆也日益增多，于是提高道路安全性，创造舒适、美观的道路环境等要求随之产生。

随着社会的进步，都市化进程地加快，交通业迅猛发展，道路绿化由最初的行道树种植形式发展为道路绿化。道路绿化是指以道路为主体的相关部分空地上的绿化和美化。道路类型多种多样，从城市道路、公路、铁路，增加至高架路、高速公路、轻轨铁路等，也使得道路绿地的规划类型更加多样化。现代道路绿化是一个城市以至某个区域的生产力发展水平、公民的审美意识、生活习俗、精神面貌、文化修养和道德水准的真实反映。现代道路绿化不仅是构成优美街景和城市景观，成为认识城市的重要标志，而且也是一个区域的连续构图景观的组合，形成了区域的特有景观特色和地域特点。它在减少环境污染，保持生态平衡，防御风沙与火灾等方面都有重要作用，并有相应的社会效益与一定的经济效益，是保证人类社会可持续发展的物质文明和精神文明的重要组成部分。

（一）道路绿地的作用

交通绿地是城市园林绿化系统的重要组成部分，直接反映城市的面貌和特点。它通过穿针引线，联系城市中分散的“点”和“面”的绿地，织就了一片城市绿网，更是改善城市生态景观环境，实施可持续发展的主要途径。道路绿化主要源于城市居民对道路的环境需求，依据绿化所能产生的物理功能和心理功能，并结合交通绿地自身的特点，主要有以下几方面的作用。

1. 营造城市景观

随着城市化进程的加快，城市环境日益恶化，生态遭到破坏，已危及居民的健康和城市的可持续发展。因此，现代城市不仅需要气势雄伟的高楼大厦、纵横交织的立交桥、绚丽多彩的色彩灯光，更需要蓝天、白云、绿树、鲜花、碧水和新鲜的空气。而城市道路交通绿化，不仅可以美化街景、软化建筑硬质线条、优化城市建筑艺术特征，还可以遮掩城市街道上有碍观瞻的地方。我们可以利用不同的植物，采用不同的艺术造景手法，结合不同的交通绿地，成线、成片、成景地进行绿化美化。另外，在一些特殊地段，如立交桥、高层建筑则进行垂直绿化，形成明显的园林化立体景观效果。这样，使整个城市面貌更加优美。国内外一些著名的城市，如美国的华盛顿、德国的波恩、澳大利亚的悉尼、中国的深圳等，由于街道绿化程度高，空气清新，处处是草坪、绿树、鲜花，因而被人们誉为"国际花园城市"。

2. 改善交通状况

利用交通绿地的绿化带，可以将道路分为上下行车道、机动车道、非机动车道和人行道等，这样可以避免发生交通事故，保障了行人车辆的交通安全。另外，在交通岛、立体交叉口、广场、停车场等地段也需要进行绿化。利用这些不同形式的绿化，都可以起到组织城市交通，保证车行速度，保障行人安全，改善交通状况的作用。

科学研究表明，绿色植物可以减轻司机的视觉疲劳，这在一定程度上也大大减少了交通事故的发生。因此，结合城市的公路、铁路、高速道路进行绿化设计不仅可以改善交通状况，而且可以减少交通安全隐患。

3. 保护城市环境

由于城市交通绿地线长、面宽、量多，可以吸收城市排放的大量废气，因此在改善城市环境质量方面起着重要的作用。

街道上茂密的行道树，建筑前的绿化以及街道旁各种绿地，对于调节道路附近的温度、增加湿度、减缓风速、净化空气、降低辐射、减弱噪声和延长街道使用寿命等方面有明显效果。根据测定，在绿化良好的街道上，距地面 1.5m 处的空气含光量比无绿化的地段低 56.7%；具有一定宽度的绿化带可以明显地将噪声减弱 5 ~ 8dB；夏天树荫下水泥路面的温度要比阳光下低 11℃左右。因此，交通绿地对于城市环境保护的作用是显而易见的。

4. 其他功能需要

交通绿地可以起到防火、备战作用，比如平时可以作为防护林带，防止火灾；战时可以伪装掩护；震时可以搭棚自救等。同时，由于交通绿地距离居住区较近，再加上一些绿地内通常设有园路、广场、坐凳、宣传设施、建筑小品等，可以给居民提供健身、散步、休息和娱乐的场所，弥补城市公园分布不均造成的缺陷。

此外，由于交通道路绿化在城市绿地系统中占有很大比例，而很多植物不仅观赏价值高，而且具备一定的食用、药用和商用价值，如七叶树、杜仲、银杏等。因此，在进行街道绿化过程中，除了首先要满足街道绿化的各种功能要求外，同时还可根据需要，结合生产、增收节支，创造一定的经济效益，但在具体应用上应结合实际，因地制宜，讲究效果，这样才能达到预期目的。例如，广西南宁、甘肃兰州、广东新会、陕西咸阳等城市都具有一定的代表性。

（二）道路绿地规划设计原则与要求

城市道路绿化是城市道路的重要组成部分，在城市绿化覆盖率中占较大比例。城市机动车辆的增加，交通污染日趋严重，利用道路绿化改善道路环境，已成当务之急。城市道路绿化也是城市景观风貌的重要体现。

城市道路绿化主要功能是庇荫、滤尘、减弱噪声、改善道路沿线的环境质量和美化城市。以乔木为主，乔木、灌木、地被植物相结合的道路绿化，防护效果最佳，地面覆盖最好，景观层次丰富，能更好地发挥其功能作用。

1. 确定道路绿地率

道路绿地率是指道路红线范围内各种绿带宽度之和占总宽度的百分比。在规划道路红线宽度时，应同时确定道路绿地率。我国建设部规定：园林景观道路绿地率不得小于 40%；红线宽度大于 50m 的道路绿地率不得小于 30%；红线宽度在 40 ~ 50m 的道路绿地率不得小于 25%；红线宽度小于 40m 的道路绿地率不得小于 20%。国外一些大城市绿化景观较好的道路，其绿地率为 30% ~ 40%。因此，根据实地情况，尽可能提高道路绿地率，使城市的绿化风貌与景观特色更好地体现。

2. 合理布局道路绿地

种植乔木的分车绿带宽度不小于 1.5m；主干路上的分车绿带宽度不宜小于 2.5m；行道树绿带宽度不小于 1.5m；主、次干路中间分车绿带和交通岛绿地不能布置成开放式绿地，交通岛半径一般为 40 ~ 60m，忌常绿乔木和灌木，以嵌花草坪为主；路侧绿带尽可能与相邻的道路红线外侧其他绿地相结合；人行道毗邻商业建筑的路段，可与人行绿带合并；与行道树、绿道两侧环境条件差异较大时，路侧绿带可集中布置在条件较好的一侧。

3. 体现道路景观特色

同一道路的绿化应有统一的景观风格，不同路段的绿化形式可有所变化；同一路段上的各类绿带，在植物配植上应相互配合并应协调空间层次、树形组合、色彩搭配和季相变化的关系；园林景观路应与街景结合，配植观赏价值高、有地方特色的植物；主干路应体现城市道路绿化景观的风貌；毗邻山、河、湖、海的道路，其绿化应结合自然环境突出自然景观特色。

4. 选择树种和地被植物

道路绿化应选择适应道路环境条件、生长稳定、观赏价值高和环境效益好的植物种类。寒冷积雪地区的城市，分车绿带、行道树绿带种植的乔木，应选择落叶树种。行道树应选择深根性、分枝点高、冠大荫浓、生长健壮、适应城市道路环境条件且落果对行人不会造成危害的树种。花灌木应选择花繁叶茂、花期长、生长健壮和便于管理的树种。绿篱植物和观叶灌木应选用萌芽力强、枝繁叶密、耐修剪的树种。地被植物应选择茎叶茂密、生长势强、病虫害少和易管理的木本或草本观叶、观花植物。其中，草坪地被植物应选择萌蘖力强、覆盖率高、耐修剪和绿色期长的种类。

（三）道路绿化断面布置形式

该形式是指建筑红线范围以内的行道树与分隔带、交通岛以及附设在红线范围以内的游憩林荫路绿化。包括人行道林荫路、滨河路、街旁绿地、广场、停车场等。

道路绿化的断面布置形式取决于道路横断面的构成，我国目前采用的道路断面以一块板、两块板和三块板等形式为多，与之相对应的道路绿化的断面形式也形成了一板二带式、两板三带式、三板四带式、四板五带式以及其他形式等多种类型。

1. 一板二带式（一块板）

在我国广大城市中最为常见的道路绿化形式为一板二带式布置。中间是车行道，路旁人行道上栽种高大的行道树。

这是道路绿地中最常用的一种形式。它由一条车道，两条绿化带组成。中间为车道，两侧种植较高大的行道树与人行道分离。在人行道较宽或行人较少的路段，行道树下也可设置狭长的花坛，种植适量的低矮花灌木。优点是用地经济、管理方便、简单且规则整齐。缺点是使用单一乔木使得景观比较单一，而且当车行道过宽时，由于树冠所限，行道树的遮阴效果较差。另外，机动车辆与非机动车辆混合行驶，容易发生交通事故，不便于管理。

2. 两板三带式（两块板）

当相向行驶的机动车较多，而需要用绿化带在路中予以分隔，形成单向行驶的两股车道。这种形式由两条车道、中间两边共三条绿化带组成，可将车辆上下分开，即在道路中间的分隔带绿化，并在道路两侧布置行道树构成两板三带式绿带。这种形式适于宽阔道路，绿带数量较大，中间超过 8m 可设置林荫带和小游园，生态效益较显著。其优点是用地较经济；采用了分隔绿带，可消除相向行驶的车流干扰，避免机动车事故发生。缺点是由于不同车辆同向混合行驶，还不能完全杜绝交通事故。此种形式多用于城市入城道路、环城道路和高速公路。

采用两板三带式布置，中间为使驾驶员能观察到相向车道的情况，分隔绿带中不宜种植乔木，一般仅用草皮以及不高于 70cm 的灌木进行组合，这既有利于视野的开阔，又可以避免夜晚行车时前灯的照射炫目。利用不同灌木的叶色花形，分隔绿带能够设计出各种装饰性图案，大大提高了景观效果。其下可埋设各种管线，这对于铺设、检修都较有利。但与一板两带式绿化相同，此类布置依旧不能解决机动车与非机动车争道的矛盾。因此主要用于机动车流较大、非机动车流量不多的地带。

3. 三板四带式（三块板）

为解决机动车与非机动车行驶混杂的问题，利用两条绿化分隔带将道路分为三块，中间作为机动车行驶的快车道，两侧为非机动车的慢车道，加上车道两侧的行道树共四条车道，呈现出三板四带的形式。

利用两条分隔带把车行道分成三块，中间为机动车道，两侧为非机动车道，连同车道两侧的行道树共为四条绿带。虽然占地面积大，却是城市道路绿地较理想的形式。其优点是绿化量大，环境保护和庇荫效果较好；组织交通方便，安全可靠，解决了各种车辆混合互相干扰的矛盾；街道风貌形象整齐美观。缺点是占地面积较大。

快、慢车道间的绿化带既可以使用灌木、草皮的组合，也可以间植高大乔木，从而丰富了景观的变化。尤其是在四条绿化带上都种植了高大乔木后，道路的遮阴效果较为理想，在夏季行人和各种车辆的驾驶者都能感觉到凉爽和舒适。这种断面布置形式适用于非机动车流量较大的路段。

4. 四板五带式（四块板）

利用三条分隔带将车道分为四条，使不同车辆分开，均形成上行、下行互不干扰，形成五条绿化带，利于限制车速和交通安全。这种形式多在宽阔的街道上应用，是城市中比较完整的道路绿化形式。其优点是不同车辆的上下行，保证了交通安全和行车速度、绿化效果与景观效果显著，生态效益明显。缺点是道路占地面积随之增加，不宜在用地较为紧张的城市中使用，经济性较差。如果道路面积不宜布置五带，则可用栏杆分隔，以节约用地。

5. 其他形式

随着城市化建设速度的加快，原有城市道路已经不能适应城市面貌的改善和车辆日益增多的需要，因此必须改善传统的道路行驶，因地制宜增设绿带。根据道路所处的地理位置、环境条件的特点，灵活采用一些特殊的绿化形式。如在建筑附近、宅旁、山坡下、水边等地多采用一板一带式的一条绿化带设计，既经济美观，又实用。

（四）道路绿地规划组成要素专用语

城市道路绿地设计组成要素是与道路相关的一些要素专门术语，设计中需要注意和掌握。

1. 红线

在城市规划建设图纸上划分出的建筑用地与道路用地的界线，常以红色线条表示，故称道路红线。道路红线是街面或建筑范围的法定分界线，是线路划分的重要依据。

2. 道路分级

道路分级的主要依据是道路的位置、作用和性质，是决定道路宽度和线型设计的主要指标。目前我国城市道路大都按三级划分：主干道（全市性干道）、次干道（区域性干道）、支路（居住区或街坊道路）。

3. 道路总宽度

道路总宽度也称路幅宽度，即规划建筑线（建筑红线）之间的宽度。是道路用地范围，包括横断面各组成部分用地的总称。

4. 分车带

车行道上纵向分隔行驶车辆的设施，用以限定行车速度和车辆分行。常高出路面10cm以上。也有在路面上漆涂纵向白色标线，分隔行驶车辆，称为“分车线”。三块板道路断面有两条分车带；两块板道路断面有一条分车带。

5. 交通岛

交通岛可分为中心岛、导向岛和立体交叉绿岛。

①中心岛：为利于管理交通而设于路面上的一种岛状设施。一般用混凝土或砖石围砌高出路面10cm以上，设置在交叉路口中心引导行车。

②导向岛：位于交叉口上分隔进出行车方向，安全岛是在宽阔街道中供行人避车之处。

③立体交叉绿岛：互通式立体交叉干道与匝道围合的绿化用地。

6. 绿带

绿带是道路红线范围内的带状绿地，道路绿带分为分车绿带、行道树绿带和路侧绿带。

①分车绿带。分车绿带是车行道之间可以绿化的分隔带，位于上下行机动车道之间的为中间分车绿带。位于机动车道与非机动车道之间或同方向机动车道之间的为两侧分车绿带。如三块板道路断面有两条分车绿带；两块板道路上只有一条分车绿带，又称中央分车绿带。分车绿带有组织交通、夜间行车遮光的作用。

②行道树绿带又称人行道绿化带、步道绿化带，是车行道与人行道之间的绿化带，以种植行道树为主的绿带。人行道如果宽2 ~ 6m的，就可以种植乔木、灌木、绿篱等。行道树是绿化带最简单的形式，按一定距离沿车行道成行栽植。

③路侧绿带：在道路侧方，布设在人行道边缘至道路红线之间的绿带。

7. 基础绿带

基础绿带又称基础栽植，是紧靠建筑的一条较窄的绿带。它的宽度为2 ~ 5m，可植绿篱、花灌木，分隔行人与建筑，减少外界对建筑内部的干扰，美化建筑环境。

8. 园林景观路

在城市重点路段，强调沿线绿化景观，体现城市风貌、绿化特色的道路。

9. 装饰绿地

以装点、美化街景为主，不让行人进入的绿地。

10. 开放式绿地

绿地中铺设游步道、设置坐凳等，供行人进入游览休息的绿地。

（五）城市街道绿地设计

城市街道绿地设计包括行道树种植设计、道路绿地设计、交叉路口种植设计、立体交叉绿地设计、交通岛绿地设计、停车场绿地设计、林荫路绿地设计和滨河路绿地设计等。

1. 行道树种植设计

一般当城市道路的人行道＞ 2.5m 宽时就应种植行道树。

（1）行道树树种选择。相对于自然环境，行道树的生存条件并不理想，光照不足，通风不良，土壤较差，供水、供肥都难以保证，而且还要长年承受汽车尾气、城市烟尘的污染，甚至时常可能遭受有意无意地人为损伤，加上地下管线对植物根系的影响等，都会有害于树木的生长发育。所以选择对环境要求不十分挑剔、适应性强、生命力旺盛的树种就显得十分重要。

①适地适树。树种的选择首先应考虑它的适应性。当地的适生树种经历了长时间的适应过程，产生了较强的耐受各种不利环境的能力。抗病、抗虫害能力强，成活率高，而且苗木来源较广，应当作首选树种。

②树种条件。干形通直，材质好；主干道枝下高要求 ≥3.5m ；冠大荫浓，枝繁叶茂，树形端正优美；根系发达，无根蘗，不破坏路基路面；耐修剪，发枝能力强，愈合能力强；发芽早，落叶迟，落叶期集中；花、果、絮、毛无污染；适应性强，生长快，寿命长；无或少病虫害。

③树种选定。郊外公路：遮阴、护路，副产品生产，不同区段选择不同树种；市区道路：遮阴好，树形美，防污染，重点路段选择珍贵观赏树种；林荫路、风景区：注重花果、枝叶、色彩与姿态优美的观赏树。

④树木栽植位置。与地上、地下管线的关系（地下怕根，地上爬冠）；种植地点土壤条件（建筑垃圾＞ 40%要客土）；株行距（一般 5 ～ 8m）。

（2）行道树的种植方法。行道树的种植方式有多种，常用的有树带式（带植）、树池式（穴植）两种。

①树带式（带植）。在人行道和车行道之间留出一条不加铺装的种植带，为树带式种植形式。这种种植带宽度一般不小于 1.5m，以 4 ～ 6m 为宜，可种植 1 行乔木和绿篱或视不同宽度可多行乔木和绿篱结合。一般在交通、人流不大的情况下采用这种种植方式，有利于树木生长。在种植带树下铺设草皮，以免裸露的土地影响路面的清洁，

同时在适当的距离（一般为 30m）要留出铺装过道，以便人流通行或汽车停站。

②树池式（穴植）。在交通流量比较大、行人多而人行道又狭窄的街道上，宜采用树池的方式种植。一般树池以正方形为好，大小以 1.5m × 1.5m 为宜；若长方形以 1.2m × 2m 为宜；还有圆形树池，其直径不小于 1.5m。行道树宜栽植于几何形的中心，树池的边石有高出人行道 10 ～ 15cm 的，也有和人行道等高的。前者对树木有保护作用，后者行人走路方便，现多选用后者。在主要街道上还覆盖特制混凝土盖板石或铁花盖板保护植物，对行人更为有利。

（3）行道树株距及定干高度。行道树的定干高度，应根据其功能要求、交通状况、道路的性质、宽度及行道树距车行道的距离、树木分枝角度而定。当苗木出圃时，一般胸径在 12 ～ 15cm 为宜，树干分枝角度越大，干高就不得小于 3.5m；分枝角度较小者，也不能小于 2m，否则会影响交通。

另外，对于行道树的株距，一般采用 5m 为宜。但在南方如用一些高大乔木，也采用 6 ～ 8m 株距。故视具体条件而定，以成年树冠郁闭效果好为准。

随着城市化进程的加快，各种管线不断增多，包括架空线和地下管网等。一般多沿道路走向布设各种管道，因而易与城市街道绿化产生许多矛盾。一方面要在城市总体规划中考虑；另一方面又要在详细规划中合理安排，为树木生长创造有利条件。

（4）街道的宽度、走向与绿化的关系。

①街道宽度与绿化的关系。人行道的宽度一般不得小于 1.5m，而人行道在 2.5m 以下时很难种植乔灌木，只能考虑进行垂直绿化。随着街道、人行道的加宽，绿化的宽度也逐渐增加，种植方式也可随之丰富，并有多种形式出现。

为了发挥绿化对于改善城市小气候的影响，一般在可能条件下绿带可以占道路总宽度 20% 为宜，但也要根据不同地区的要求而有差异。例如，在旧城区要求绿化宽度大是比较困难的，而在新建区就可有较宽的绿带，形式也丰富多彩，既达到其功能要求，又美化了城市面貌。

②街道走向与绿化的关系。行道树的种植不仅要求对行人、车辆起到遮阳的效果，而且对临街建筑防止强烈的西晒也很重要。全年内要求遮阳时期的长短与城市所在地区的纬度和气候条件有关。我国一般自 4、5 月—8、9 月，约半年时间内都要求有良好的遮阳效果，低纬度的城市则更长。一天内上午 8：00—10：00 和下午 1：30—4：30 是防止东晒、西晒的主要时间。因此，我国中部、北部地区东西向的街道，在人行道的南侧种树，遮阳效果良好，而南北向的街道两侧均应种树。在南方地区，无论是东西向、南北向的街道，均应种树。

2. 绿化带的绿化设计

（1）人行道绿化设计。从车行道边缘至建筑红线之间的绿化地段统称为人行道绿化带。这是道路绿化中的重要组成部分，人行道往往占很大的比例。

为了保证车辆在车行道上行驶时车中人的视线不被绿带遮挡，能够看到人行道上的行人和建筑，在人行道绿化带上种植树木必须保持一定的株距，以保持树木生长需要的营养面积。一般来说，人行道上绿化带对视线的影响，其株距不应小于树冠直径的 2 倍。但栽种雪松、柏树等易遮挡视线的常绿树，为使其不遮挡视线，其株距应为树冠冠幅的 4 ~ 5 倍。人行道绿化带上种植乔木和灌木的行数由绿带宽度决定。在地上、地下管线影响不大时，宽度在 2.5m 以上的绿化带，种植一行乔木和一行灌木；宽度大于 6m 时，可考虑种植两行乔木，或将大、小乔木和灌木以复层方式种植；宽度在 10m 以上的绿化带，其株行数可多些，树种也可多样，甚至可以布置成游园式的林荫道。

人行道绿化带是街道景观的重要组成部分，对街道面貌、街景的四季变化均有显著的影响。人行道绿化带设计为街道整体设计的一部分，应进行综合考虑，与道路环境协调。人行道绿化带的设计，一般可分为规则式和自然式，或规则与自然相结合的形式。现在国外的人行道绿化带设计多用自然式布置手法种植乔木、灌木、花卉和草坪，外貌自然活泼而新颖。自然式种植就是绿带上树木三五成群，高低错落地布置在车行道两侧，这种种植方式又分为带状与块状两种类型，但人行道绿化带的设计以规则与自然相结合的形式最为理想。

（2）分车绿带绿化设计。在分车带上进行绿化，称为分车绿带，也称为隔离绿带。分车带的宽度，依行车道的性质和街道的宽度而定，高速公路的分车带的宽度可达 5 ~ 20m，最低宽度也不能小于 1.5m，常见的分车绿带为 2.5 ~ 8m。大于 8m 宽的分车绿带可作为林荫路设计。分车带应进行适当分段，一般以 75 ~ 100m 为宜。尽可能与人行横道、停车站、大型商店和人流集中的公共建筑出入口相结合。分车绿带位于道路中间，位置明显而重要，因此在设计时要注意技术与艺术效果。可以造成封闭的感觉，也可以创造半开敞、开敞的感觉。分车带的绿化设计方式有三种，即封闭式、半开敞式和开敞式。

分车带绿地起到分隔、组织交通与保障安全的作用，机动车道的中央分隔带在可能的情况下要进行防眩种植。机动车两侧分隔带如有可能应有防尘、防噪声种植。

分车带的种植以落叶乔木为主；或以常绿乔木为主；或搭配灌木、草地、花卉等；或只种植低矮灌木配以草地、花卉等方式，这些都需要根据交通与景观来综合考虑。对分车带的种植，要针对不同道路使用者的视觉要求来考虑树种与种植方式。

（3）交叉路口、交通岛绿化设计

①交叉路口：两条或两条以上道路相交之处，是交通的咽喉、隘口，种植设计需先调查地形、环境特点，并了解“安全视距”及有关符号。为了保证行车安全，道路交叉口转弯处必须空出一定距离，使司机在这段距离内能看到对面或侧方来的车辆，并有充分的时间刹车或停车，不致发生撞车事故。根据两条相交道路的两个最短视距，

可在交叉口平面图上绘出一个三角形，称为“视距三角形”。在此三角形内不能有建筑物、构筑物、广告牌以及树木等遮挡司机视线的地面物。在视距三角形内布置植物时，其高度不得超过 0.70m，宜选矮灌木、丛生花草种植。

②中心岛：俗称转盘，设在道路交叉口处。主要为组织环形交通，使驶入交叉口的车辆，一律绕岛作逆时针单向行驶。一般设计为圆形，其直径的大小必须保证车辆能按一定速度以交织方式行驶，由于受到环道上交织能力的限制，中心岛多设在车辆流量大的主干道或具有大量非机动车通行，行人众多的交叉口。目前我国大中城市所采用的圆形中心岛直径一般为 40 ~ 60m，一般城镇的中心岛直径也不能小于 20m。

中心岛绿地要保持各路口之间的行车视线通透，不宜栽植过密乔木，而应布置成装饰绿地，方便绕行车辆的驾驶员准确快速识别各路口。不可布置成供行人休息用的小游园或吸引游人的地面装饰物，通常以嵌花草皮花坛为主或以低矮的常绿灌木组成简单的图案花坛，切忌用常绿小乔木或大灌木，以免影响视线。中心岛虽然也能构成绿岛，但比较简单，与大型的交通广场或街心游园不同，且必须封闭。

③导向岛：用以指引行车方向，约束车道，使车辆减速转弯，保证行车安全。绿化布置常以草坪、花坛为主。为强调主要车道，可选用圆锥形常绿树栽在指向主要干道的角端，加以强调；在次要道路的角端，可选用圆形树冠树种，以示区别。

④立体交叉：主要分为两大类，即简单立体交叉和复杂立体交叉。简单立体交叉又称分立式立体交叉，纵横两条道路在交叉点相互不通，这种立体交叉一般不能形成专门的绿化地段，只作行道树的延续。

在闸道和主次干道汇集的地方不宜种植遮挡视线的树木，出入口可以作为指示标志的种植，使司机看清入口，弯道外侧最好种植成行的乔木，诱导行车方向。绿岛种植草坪地被植物，点缀树丛、孤植树和花灌木，形成疏朗的效果。桥下种植耐荫植物，墙面垂直绿化。外围绿地和道路延伸方向的景观结合，和周围建筑物、道路、路灯、地下设施等配合。

（3）停车港和停车场

①停车港的绿化。在城市中沿着路边停车，将会影响交通，也会使车道变小，可在路边设凹入式“停车港”，并在周围植树，使汽车在树荫下可以避晒，既解决停车问题，又增加了街景的美化效果。

②停车场的绿化。随着人们生活水平的提高和城市发展速度的加快，机动车辆越来越多，对停车场的要求越来越高。一般在较大的公共建筑物（如剧场、体育馆、展览馆、影院、商场、饭店等）附近都应设停车场。

停车场的绿化可分为三种形式，多层的、地下的和地面的。目前我国以地面停车场较多，与行道树结合，沿停车场四周种植落叶乔木、常绿乔木、花灌木等，用绿篱或栏杆围合，场地内地面全部铺装或用草坪砖。防尘、减弱噪声有一定作用，但有时场地内没有树木遮阴，夏季烈日暴晒，对车辆损伤较大。树林式。多用于停车场面积较大，场地内种植成行、成列的落叶乔木，场地采用草坪砖或铺装，有很好的遮阴效果，可兼作一般绿地。

建筑物前绿化带兼停车场。建筑入口前的景观可以增加街景的变化，衬托建筑的艺术效果，防止因车辆组织不好使建筑物正面显得凌乱。包括基础绿地、前庭绿地和部分行道树，一般采用乔木和绿篱或乔木和灌木结合方式。

二、林荫路、步行街绿化

现代城市的喧嚣和节奏过快，往往对人造成有形与无形的压力。为缓解各种压力，城市需要轻松、优雅的环境，设置一定数量的休闲空间，可以让人在悠闲、宁静的环境中得到放松，从而排遣来自工作、生活中的种种紧张情绪。游憩林荫道、步行街与滨水绿地就是城市休闲空间的形式之一。

（一）林荫路绿化设计

自文艺复兴运动开始，几排树木沿着散步道、街道、滨水路种植已成为城市中常见的景观。16 世纪晚期的一些欧洲城市在城墙顶端规则式种树供民众使用。波斯则建起了长达 3km 的林荫大道。荷兰也在 17 世纪早期开始在城市河流旁进行规则式栽树。而在现代城市中，街道上大多已为各种机动车辆所占用。虽然车辆的增加提高了社会整体的工作效率，方便了人们的出行，但同时也带来了污染与安全问题。但是，城市作为居民生活的主要阵地，除了完成快捷高效率的工作，还有相当一部分人只是为散步休闲、逛街购物而出行。因此，现代城市中的人车混杂对于城市的有序发展产生了极大的制约。游憩林荫道的设置可以减少甚至局部消除由车辆造成的污染，合理组织城市交通，保障行人的安全，丰富城市景观，在一些建筑密集、绿地稀少的地段还能起到小游园的作用。

林荫道是指与道路平行并具有一定宽度的带状绿地，也可称为是带状街头休息绿地。林荫道利用植物与车行道隔开，在其内部不同地段辟出各种不同的休息场地，并有简单的园林设施，供行人和附近居民作短时间休息之用。目前在城市绿地不足的情况下，可起到小游园的作用。它扩大了群众活动场地，同时增加了城市绿地面积，对改善城市小气候，组织交通、丰富城市街景起着很大的作用。

1. 设在街道中间的林荫道

两边为上下行的车行道，中间有一定宽度的绿化带，这种类型较为常见。例如，北京正义路林荫道、上海肇家滨林荫道等。此类林荫道主要供行人和附近居民作暂时休息用，多在交通量不大的情况下采用，出入口不宜过多。

这种类型的林荫道可以有几种布置形式：

（1）简式。游憩林荫道的最小宽度不应小于 8m，其中包括一条宽 3m 的人行步道，两侧可安放休息椅凳；步道旁还需每边布置一条宽 2.5m 的绿化种植带，以便栽种一行乔木和一行灌木形式较为简单，但基本满足了与相邻的车道相互隔离的要求。

（2）复式。当游憩林荫道用地面积较宽裕时，可以采用两条人行步道和三条绿化带的组合形式。中间一条绿化带布置花坛、花境、灌木、绿篱，也可以间植乔木。两条步道分置于花坛的两侧，沿其外缘安放休息座椅。步道之外是分隔绿带，为保持游憩林荫道内部的宁静和卫生，与车行道相邻的绿带内至少应种植两列乔木以及灌木、绿篱，以使车辆的影响降到最低的程度。如果林荫道的一侧为临街建筑，则应栽种较矮小的树丛或树群，这既可以避免建筑为树木遮挡，又能够增加游憩林荫道的层次感。采用这样的布置形式，林荫道的总宽度应在 20m 左右，甚至更宽。

（3）游园式。如果游憩、林荫道的用地宽度在 40m 以上，则可以进行游园式布置。形式可选择规则式，也可采用自然式，需要具有一定的艺术性要求。其中除了应设置两条以上的游憩步道和花坛、喷泉、雕像等要素外，还可以布置一些亭、廊、花架以及服务性小品，以便更大程度地满足休憩、游览的需求。

2. 设在街道一侧的林荫道

由于林荫道设立于道路的一侧，减少了行人与车行道的交叉，在交通比较频繁的街道上多采用此种类型，同时也受地形影响而定。例如，傍山一侧滨河或有起伏的地形时，可利用借景将山、林、河、湖组织在内，创造安静的休息环境和优美的景观效果。如上海外滩绿地、杭州西湖畔的公园绿地等。

3. 设在街道两侧的林荫道

设在街道两侧的林荫道与人行道相连，可以使附近居民不用穿过道路就可到达林荫道内，既安静，又使用方便。此类林荫道占地过大，目前使用较少。如北京阜外大街花园林荫道。

总之，林荫道与车道之间要有浓密的植篱或高大的乔木绿色屏障，保持安静。立面上外高内低，70 ~ 100m 分段设置出入口。

（二）步行街绿地规划

自 20 世纪 50 年代以来，步行街的兴起为市民提供更多的游憩、休闲空间，在优化城市环境、美化城市景观方面具有积极的作用。在商业区设置步行街则有利于促进销售，而历史文化地段的步行街还可以有效地对历史风貌进行必要的保护。

步行街与游憩林荫道一样，在对于改善城市环境、创造宜人空间方面，都是本着“以人为本”的原则，从人的行为心理出发，用空间形象的创造来改善环境、保障安全和为人提供满足他们精神需求的优美空间。

1. 步行街的类型

对一些人流较大的路段实施交通限制，完全或部分禁止车辆通行，让行人能在其间随意而悠闲地行走、散步和休息，这就是所谓的步行街。

（1）商业步行街。我国目前最为常见的是商业步行街。在城市中心或商业、文化较为集中的路段禁止车辆进入，既可以消除噪声和废气污染，消除了人车混杂不安全因素，使行人的活动更为自由和放松。正是步行街所具有的安全性和舒适感，可以凝聚人气，对于促进商业活动也有积极的意义。

（2）历史街区步行街。国外有些城市为保护某些街区的历史文化风貌，将交通限制的范围扩大到一定区域，我国许多城市，包括具有相当历史的古城，解决交通的主要方法就是拆除沿街建筑以拓宽道路，其结果势必改变甚至破坏了原有的城市结构和风貌。如果改用禁止车辆进入，可以在一定程度上避免损害城市的旧有格局，以达到保护历史环境的目的。当然与步行专用区相配套的是在其周边需要有方便、快捷的现代交通体系。

（3）居住区步行街。在城市居民活动频繁的居住区也可以设置步行街，国外称之为居住区专用步道。居住区需要有个整洁、宁静、安全的环境，而禁止机动车辆的通行就能使之得到最大限度地保证。

2. 步行街的设计

步行街是由普通街道转变而来，因此在形式上它与普通街道具有相当多的联系，只是当其完全禁止所有车辆通行之后，原来的车行道就转变成为供行人漫步、休息的空间，于是步行街就可以设置许多装饰类小品和休憩类小品，使之呈现出安全、舒适、美观的特色。与游憩林荫道不同的是步行街需要更多地显现街道两侧的建筑形象，还需展示商业、文化中心区域的各种店面的橱窗。所以绿化尽可能少用或不用遮蔽种植，但需要注意步行街的规划设计中忽视植物景观的倾向。目前许多城市的商业区步行街，在改造中过多地使用硬质材料，而偏少使用花木类软质材料，其结果使人感到冷漠和缺乏亲切感，尤其是盛夏的骄阳让人望而却步。

许多人将步行街用广场的理念来进行设计，但在实际的使用过程中，广场式的步行街却存在很多缺陷和不足。因为步行街不仅要满足人们的出行、散步、游憩、休闲，而且还应满足商业活动，所以延长人们的逗留时间应是设计的重点。为此，增加软质景观的运用，利用乔木的遮阴作用，创造更加宜人的环境。

步行街的绿地种植要精心规划设计，应注意植物形态、色彩与街道环境的结合和协调。为了创造一个舒适的环境供行人休息活动，步行街可铺设装饰性花纹地面，增加街景的趣味性，还可以布置装饰性小品和供人们休息用的座椅、凉亭、电话亭等。植物种植要特别注意植物形态；树形要整齐；乔木要冠大荫浓、挺拔雄伟；花灌木要无刺、无异味；花艳、花期长的花冠木；特别要注意遮阳与日照要求。在街心适当布置花坛、雕像，注重艺术性和景观效果。

（三）滨河路绿地规划

滨河路绿地是城市中临河流、湖沼、海岸等水体的道路绿地。由于一面临水，空间开阔，环境优美，加上绿化、美化，是城市居民休息的良好场所。

城市中的滨河路，一侧为城市建筑，另一侧为水体，中间为道路绿化带。

在滨河路绿化带中，一般布置要注意：

①滨河路绿化一般在临近水面设置游步路，尽量接近水面。因为人具有亲水性。

②如有风景点可观赏时，可适当设计小广场或凸出的平台，供游人远眺和摄影。

③可根据滨河路地势高低设计成平台 1 ～ 2 层。以阶梯连接，可使人接近水面，使之有亲切感。

④如果滨河水面开阔，能划船或游泳时，可考虑以游园或公园的形式，容纳更多的游人活动。

⑤滨河林荫道内的休息设施可多样化，在岸边设置栏杆，并放置座椅，供游人休息。如林荫道较宽时，可布置成自然式。设有草坪、花坛、树丛等，并布置简单园林小品、雕塑，座椅、园灯等。

⑥林荫道的规划形式，取决于自然地形的影响。地势如有起伏，河岸线曲折及结合功能要求。可采取自然式布置；如地势平坦，岸线整齐，与车道平行者，可布置成规则式。

⑦滨河绿地除采用一般街道绿化树种外，在低湿的河岸或一定时期水位可能上涨的水边，应特别注意选择适应水湿和耐盐碱的树种。

⑧滨河绿地的绿化布置既要保证游人的安静休息和健康安全，靠近车行道一侧的种植应注意能减少噪声，临水一侧不宜过于闭塞，林冠线要富于变化，乔木、灌木、草坪、花卉结合配置，丰富景观。另外，还要兼顾防浪、固堤、护坡等功能。

三、公路、铁路绿地规划

随着生活节奏的加快，高速交通在人们的日常生活中作用显得越来越重要。现代城市间的来往最初主要依靠公路和铁路，但在交通工具不断地增加和改良之后，不仅交通网络变得越来越密集，其速度也大大提高，最近的数十年间高速公路已经成为发达城市之间主要的交通干道，因此城市与各种交通干道交界处的绿化、道路沿线的绿化等工作量也在不断地增加。

（一）公路绿化

不同公路的等级、宽度、路面材料以及行车特点，都会对绿化提出不同的要求。

一般公路在此主要是指市郊、县、乡公路。公路形成了联系城镇乡村及风景区、旅游胜地等的交通网。为保证车辆行驶安全，在公路的两侧进行合理的绿化，可防止沙化和水土流失对道路的破坏，并增加城市的景观性，改善生态环境条件。公路绿化与城市绿化有间接联系，具有引导的作用。公路绿化与街道绿化有着共同之处，也有自己的特点；公路距居民区较远，常常穿过农田、山林，一般不受城市内复杂的地上、地下管网和建筑物的影响，人为损伤也较少，便于绿化与管理。因此在进行绿化设计时，往往有其特殊之处，主要应注意以下几个方面：

①公路绿化应根据公路等级、路面宽度，决定绿化带宽度及树木种植位置。路面宽度在 9m 以下时，公路植树不宜在路肩上，要种在边沟以外，距外缘 0.5m 处。路面宽度在 9m 以上时，可种在路肩上，距边沟内缘不小于 0.5m 处，以免树木生长的地下部分破坏路基。

②公路交叉口，应留出足够的视距。遇到桥梁、涵洞时，5 m以内不得种树，以防影响桥涵。

③公路线较长时，应在 2 ~ 3km 变换树种。树种多样，而富于变化。既可加强景色变化，也可防止病虫害蔓延。调换树种起始位置，以结合路段环境。

④选择公路绿化时，要注意乔灌木树种结合，常绿树与落叶树相结合，速生树与慢生树结合。但是，必须适地适树，以乡土树种为主。

⑤快速路弯道需留有足够安全视线，内侧不宜种植乔木，弯道外侧栽植成行乔木引导方向，并有安全感。引导视线的种植主要设置在曲率半径为 700m 以下的小曲线部位，可以使用连续的树阵，并有一定的高度。

⑥应与农田防护林、护渠林、护堤林及郊区的卫生防护相结合。要少占耕地，一林多用，除观赏树种外，还可选种经济林木，如核桃树、乌桕树、柿树、花揪树、枣树等。

（二）高速公路绿化

高速公路与高等级公路在许多方面存在着相似性，但为了提高车行速度，也要设置一些独特的设施来保证车辆在高速行驶中的安全性以及长途行进中的舒适性。高速公路是有中央分隔带和四个以上车道的交通设施，专供快速行驶的现代公路。行车速度较快，一般都在 80 ~ 120km / h。高速公路绿化与一般街道不同，由于功能与景观的结合十分突出，因此，高速公路设计必须适应地区特征、自然环境，合理确定绿化地点、范围和树种，高速公路绿地规划设计内容为高速公路沿线、互通式立交区、服务区等公路范围内的绿化。设计时需主要注意以下几个方面：

1. 高速公路断面的布置形式

高速公路的横断面包括中央隔离带（分车绿带）、行车道、路肩、护栏、边坡、路旁安全地带和护网。

2. 高速公路绿地种植设计类型

（1）视线引导种植。通过绿地种植来预示可预告线形的变化，以引导驾驶员安全操作，尽可能保证快速交通下的安全，这种引导表现在平面上的曲线转弯方向、纵断面上的线形变化等。因此这种种植要有连续性才能反映线形变化，同时树木也应有适宜的高度和位置等要求才能起到提示作用。

（2）遮光种植。遮光种植也称防眩种植。因车辆在夜间行驶常由对方灯光引起眩光，在高速道路上，由于对方车辆行驶速度高，这种眩光往往容易引起司机操纵上的困难，影响行车安全。因而采用遮光种植的间距、高度与司机视线高和前大灯的照射角度有关。树高根据司机视线高度决定，从小轿车的要求看，树高需在150cm以上，大轿车需在200cm以上。但过高则影响视界，同时也不够开敞。

（3）适应明暗的栽植。当汽车进入隧道时明暗急剧变化，眼睛瞬间不能适应，看不清前方。一般在隧道入口处栽植高大树木，以使侧方光线形成明暗的参差阴影，使亮度逐渐变化，以缩短适应时间。

（4）缓冲栽植。目前路边防护设有路栅与防护墙，但往往发生冲击时，车体与司机均受到很大的损伤，如采用有弹性的、具有一定强度的防护设施，同时种植又宽又厚的低树群时，可以起到缓冲的作用，避免车体和驾驶者受到较大的损伤。

（5）其他栽植。高速公路其他的种植形式有：为了防止危险而禁止出入穿越的种植；坡面防护的种植；遮挡路边不雅景观的背景种植；防噪声种植；为点缀路边风景的修景种植；等等。

3. 高速公路对绿化的要求

①在保证高速路行车安全的前提下，协调自然环境，丰富景观，改善沿线景观环境，使沿线景观更具美学价值。

②建筑物要远离高速公路，用较宽的绿带隔开。绿带上不可种植乔木，以免司机晃眼而出事故。高速公路行车，一般不考虑遮阳的要求。绿化种植要近花草，中灌木，远乔木（隔离栅外），突出草、花、灌木，乔木只作为陪衬。

③高速公路中央隔离带的宽度最少在1～3m，全铺草皮，其上5～10m栽植常绿树，但不得高于1.5m。隔离带内可种植花灌木、草皮、绿篱、矮性整形的常绿树，以形成间接、有序和明快的配置效果，隔离带的种植也要因地制宜，作分段变化处理，以丰富路景和有利于消除视觉疲劳。

由于隔离带较窄，为安全起见，往往需要增设防护栏。当然，较宽的隔离带，也可以种植一些自然的树丛。

④当高速公路穿越市区时，为防止车辆产生的噪声和排放的废气对城市环境的污染，在干道的两侧要留出20～30m宽的安全防护地带。可种植草坪和宿根花卉，然后为灌木、乔木，其林型由低到高，既起到防护作用，也不妨碍行车视线。

⑤为了保证安全，高速公路不允许行人与非机动车穿行，所以隔离带内需考虑安装喷灌或滴灌设施，采用自动或遥控装置。路肩是作为故障停车用的，一般 3.5m 以上，不能种植树木，可种草皮为主，间植花卉，护栏内外可种植常绿花灌木。两侧路缘带离道路边缘 4.5m 距离栽植。边坡及路旁安全地带可种植树木花卉和绿篱，但要注意大乔木要距路面有足够的距离，一般在隔离栅以外，但不可使树影投射到车道上。

⑥高速公路的平面线型有一定要求，一般直线距离不应大于 24km，在直线下坡拐弯的路段应在外侧种植树木，以增加司机的安全感，并可引导视线。

⑦当高速公路通过市中心时，要采用立交。这样与车行、人行严格分开。绿化时不宜种植乔木。

⑧高速公路超过 100km，需设休息站，一般在 50km 左右设一休息站，供司机和乘客停车休息。休息站还包括减速车道、加速车道、停车场、加油站、汽车修理房、食堂、小卖部、厕所等服务设施，而且应结合这些设施进行绿化。停车场应布置成绿化停车场，种植具有浓荫的乔木，以防止车辆受到强光照射，场内可根据不同车辆停放地点，用花坛或树坛进行分隔。

⑨出入口按功能和环境，在各部位栽植相应植物。出入口的种植设计应充分把握车辆在这一路段行驶时的功能要求。便于车辆出入时的加速或减速，回转时车灯不会阻碍其他司机视线，应在相应的路侧进行引导视线的种植；驶出部位利用一定的绿化种植，以缩小视界，间接引导司机减低车速。另外，在不同的出入口还应该栽种不同的主题花木，作为特征标志，以示与其他出入口的区别。

（三）道路绿化

铁路绿化是沿铁路延伸方向进行的，目的是保护铁轨枕木少受风、沙、雨、雷的侵袭，还可保护路基。在保证火车行驶安全的前提下，在铁路两侧进行合理的绿化，还可形成优美的景观效果。

1. 铁路绿化的要求

①铁路两侧的绿化，应近灌木远乔木。种植乔木应距铁轨 10m 以上，6m 以上可种植灌木。

②在铁路、公路平交视距三角形（边长 ≥50m）的地方，50m 公路视距、400m 铁路视距范围内不得种植阻挡视线的乔灌木。

③铁路拐弯内径 150m 内不得种乔木，可种植小灌木及草本地被植物。

④在距机车信号灯 1200m 内不得种乔木，可种小灌木及地被植物。

⑤在通过市区的铁路左右应各有 30 ~ 50m 以上的防护绿化带阻隔噪声，以减少噪声对居民的干扰。绿化带的形式以不透风式为好。

⑥在铁路的边坡上不能种乔木，可采用草本或矮灌木护坡，防止水土冲刷，以保证行车安全。

2. 火车站广场及候车室的绿化

火车站是一个城市的门户，应体现一个城市的特点，火车站广场绿化在不妨碍交通运输、人流集散的情况下，可适当设置花坛、水池、喷泉、雕像、座椅等设施，并种植庭荫树及其他观赏植物，既改善了城市的形象，增添了景观，又可供旅客短时休息观赏用。

第二节　城风景名胜区工程规划

一、风景名胜区概述

（一）风景区概念及其特征

风景名胜区也称风景区，是指风景资源集中、环境优美，具有一定规模和游览条件，可供人们游览欣赏、休憩娱乐或进行科学文化活动的地域。现代英语中的 National Park，即“国家公园”，相当于我国的国家重点风景名胜区。

中国自古以来崇尚山水，“师法自然”的优秀文化传统闻名于世界。我国的“风景名胜”，源于古代的名山大川，历史悠久、形式多样，它们荟萃了华夏大地壮丽山河的精华，不仅是中华民族的瑰宝，也是全人类珍贵的自然与文化遗产。

中国是一个幅员辽阔的国家，从北到南跨越寒温带、温带、暖温带、亚热带、热带 5 个主要气候带，由西向东地形垂直高度相差八千多米，自然条件多变，地质状况复杂，形成了丰富多彩的动植物区系和千姿百态的地貌景观。中国境内，有世界上最高的珠穆朗玛峰，有著名的世界屋脊青藏高原，有世界上最低的新疆吐鲁番盆地，有亚洲最长的河流长江。雄奇瑰丽的名山大川、奇峰怪石、飞瀑流泉、急湍险滩、雪山草地、森林原野、名花奇葩等天然奇景，游览不尽。另外，还有冰川、峡谷、断层、火山、熔岩、石林、溶洞、地下河流、原始森林、孑遗濒危物种等天然纪念物。

引种到世界各地的许多奇葩的花草，都原产于中国，所以中国有“园林之母”的称号。闻名中外的云南山茶、400 多种常绿华丽的云南高山杜鹃以及川、黔、滇野生的珙桐等中国名花，都已经成为今天欧美各国引以为贵的珍品了。中国是世界上动植物种类最多的国家之一，仅高等植物就占世界总数的 12% 以上，其中，苔藓植物约有 2100 种，蕨类植物约有 2600 种，裸子植物近 300 种，被子植物有 25000 多种。在地质年代的第四纪初期，地球上许多地区被冰川所覆盖，由于中国某些地点幸免于冰川的覆盖，因而保留了许多古老植物的孑遗种和特有物种，如银杏、水杉、银杉等，这些植物与美国的北美红杉一样，被称为活化石。中国还有闻名于世的野生动物濒危物种，诸如大熊猫、金丝猴、白鳍豚、扬子鳄等古老孑遗种类。

在人文景观方面，如果从新石器时代中晚期以农业生产为主的仰韶文化算起，从西安半坡村的发掘来看，中国至少已有 6000 年以上的历史，如果单从中国产生文字的历史开始计算，也至少有四五千年的文化传统。所以中华民族在自己赖以生存繁育的这块土地上，留下了许多自成体系的、具有独特风格的文化艺术遗物和遗迹。

中国有 13 亿多人口，除汉族外，还有 50 多个少数民族，加上各地气候物产不同，诸如戏剧、舞蹈、音乐、建筑、民歌、服装、宗教、雕塑、民居等文化艺术和民俗风情，堪称丰富多彩，各地和各民族都有自己鲜明的特色和不同的风格。

广泛分布于中国境内的秀丽的自然景观和人文资源，既是中国及全世界共有的宝贵自然遗产，也为中国风景区的兴起和发展提供了得天独厚的条件。1982 年，我国正式建立风景名胜区管理体系，就性质、功能和保护利用而言，我国的风景名胜区相当于国外早已确立的国家公园管理体系。1994 年，我国进一步明确“中国风景名胜区与国际上的国家公园相对应，同时又有自己的特点。中国国家级风景名胜区的英文名称为 National Park of China(《中国风景名胜区形势与展望》绿皮书)”。

2007 年 4 月起确定国家级风景名胜区徽志为圆形图案，中间部分系万里长城和自然山水缩影，象征伟大祖国悠久、灿烂的名胜古迹和江山如画的自然风光；两侧由银杏树叶和茶树叶组成的环形镶嵌，象征风景名胜区和谐、优美的自然生态环境。图案上半部英文“NATIONAL PARK OF CHINA”，直译为“中国国家公园”，即国务院公布的“国家级风景名胜区”；下半部为汉语“中国国家级风景名胜区”全称。《国家级风景名胜区徽志使用管理办法》规定：徽志适用于国家级风景名胜区主要入口标志物、国家风景名胜区管理机构使用的信笺、印刷品、宣传品、纪念品、国家风景名胜区会议及有关宣传活动用品以及其他经建设部授权的有关事项。

我国确定风景名胜区的标准是：具有观赏、文化或科学价值，自然景物、人文景物比较集中，环境优美，可供人们游览、休息，或进行科学文化教育活动，具有一定的规模和范围。因此，风景名胜区事业是国家社会公益事业，与国际上建立国家公园一样，我国建立风景名胜区，是要为国家保留一批珍贵的风景名胜资源（包括生物资源），同时科学地建设管理、合理地开发利用。

什么是风景规划？风景规划是调查、评价、提炼、概括大自然的山川美景及其风景特色，确定其保育利用管理、发展的举措，把握合理的社会需求。科学而又艺术地融入自然之中，优化成人与自然和谐发展的风景游憩境域，这种境域可能是景点、景群、景线、景区、风景区、风景区域、大地景物或大地景观等多个层次单元并形成系统。这个系统古往今来兼备着三类基本功能，即文化游憩、山水审美和生态防护。风景规划可以形成区域规划、总体规划、详细规划、景点规划等多种层次的规划成果。风景规划需要科学地保育景源遗产，典型地再现自然之美，明智地融汇人文之胜，浪漫地表现生活理想，通俗化地促进风景环境的建设和管理实践。

风景区包括风景、风景资源，由优美的自然条件、历史名胜所构成，多辟为旅游区。它是与城市相关且位于市郊或远离城市的山水、动植物的风景区域，但都会经人为进行适当地改造。

1. 风景区的概念

（1）风景。从广义上讲，是指大自然的风光美景，是人类情感渗入自然的产物，能够引起人们美感的大自然的一角。实质上是在一定条件下，以山水景物以及某些自然和人文现象所构成的足以引起人们审美与欣赏的景象。从我们人类在其空间利用上来讲，风景是自然界体系和社会界体系优化组合的美的环境，风景是指以自然景物为主构成的，能引起美感的空间环境。风景是指以人类的视觉所得到的自然的、人文的形式为主体，将它放在观赏欣赏的视点上，来表现观察到的情况。其中伴随着艺术性、人类的感情、感觉等。风景是从给定的优越位置的点观察到的印象。

风景不单纯是自然物，而是满足人们审美、求知等欲望和社会生活需要的人格化产物。它既聚集自然美的外在形式，又是艺术价值的体现。风景是一种具有自然与社会综合价值的资源，人们可从中得到物质财富的享受和精神力量的汲取。

风景，只是一种资源，只有通过合理的保护、利用、开发，才能广泛地为人类所服务，才能使这些具有审美及游览价值的自然环境，成为可供人们欣赏、游乐、休憩的风景区。

（2）风景资源

①风景资源的定义。风景资源是具有观赏、文化或科学价值的山河、湖海、地貌、森林、动植物、化石、特殊地质、天文气象等自然景物和人文古迹、革命纪念地、历史遗址、园林建筑群、工程设施等人文景物和它们所处环境以及风土人情等（《风景名胜区管理暂行条例实施办法》）。

风景资源也称景源、景观资源、风景名胜资源、风景旅游资源，是指能引起审美与欣赏活动，可以作为风景游览对象和风景开发利用的事物与因素的总称。它是构成风景环境的基本要素，是风景区产生环境效益、社会效益、经济效益的物质基础。

②风景资源要素。风景构成的基本要素有三类，即景物、景感和条件，它们都被视作景源。景物是主要的物质性景源，也是景源的主体；景感是可以物化的精神性景源，如游赏项目与游赏方式的调度组织等；条件则是可以转化的媒介性景源，如观赏景点与游线组织等。

A. 景源，指具有独立欣赏价值的风景素材的个体，是不同的景物，不同的排列组合，构成了千变万化的形体与空间，形成了丰富多彩的景象与环境，它是风景名胜区构景的基本单元。景物是风景构成的客观因素和基本素材，其种类十分繁多，主要包括山、水、植物、动物、空气、光、建筑等。

山:包括地表面的地形、地貌、土壤及地下洞岩,如峰峦谷坡、岗岭崖壁、丘壑沟涧、洞石岩隙等。山的形体、轮廓、线条、质感常是风景构成的骨架。

水:包括江河川溪、池沼湖塘、瀑布跌水、地下的河湖涧潭、涌射滴泉、冷温浮泉、云雾冰雪等。水的光、影、形、声、色、味是最生动的风景素材。

植物：包括各种乔木、灌木、藤本、花卉、草地及地被植物等。它是造成四时景象和表现地方特点的主要素材，是维持生态平衡和保护环境的重要方面，植物的特性和形、色、香、音等也是创造意境、产生比拟联想的重要手段。

动物：包括所有适宜驯养和观赏的兽类、禽鸟、鱼类、昆虫、两栖爬虫类动物等。动物是风景构成的有机的自然素材。动物的习性、外貌、声音使风景情趣倍增，动物的功利实用价值更是人类审美感受的最大源泉。

空气：空气的流动、净污、温度、湿度也是风景素材。如直接描述的春风、和风、清风;间接表现风的柳浪、松涛、椰风、风云、风荷;南溪新霁、桂岭晴岚、罗峰青云、烟波致爽又从不同角度反映了清新高朗的大气给人的异样感受。

光：日月星光、灯光、火光等可见光是一切视觉形象的先决条件。在岩溶风景中，人人都可以体会到光对风景的意义。旭日晚霞、秋月明星、花彩河灯、烟火渔火等历来是风景名胜的素材。宝光神灯和海市蜃楼更被誉为峨眉山、崂山的绝景。

建筑:广义可泛指所有的建筑物和构筑物。如各种房屋建筑、墙台驳岸、道桥广场、装饰陈设、功能设施等。建筑既可满足游憩赏玩的功能要求,又是风景组成的素材之一,也是装饰加工和组织控制风景的重要手段。同时还有雕塑碑刻、胜迹遗址、自然纪念物、机具设备、文体游乐器械、车船工具及其他有效的风景素材。

B. 景感，是风景构成的活跃因素和主观反应，是人对景物的体察、鉴别、感受能力。包括视觉、听觉、嗅觉、味觉、触觉、联想、心理等。景物以其属性对人的眼、耳、鼻、舌、身、脑等感官起作用，通过感知印象、综合分析等主观反应与合作，从而产生了美感和风景等系列观念。人类的这种景感能力是社会发展过程中逐步培养起来的，具有审美性、多样性和综合性特性。

视觉：尽管景物对人的官能系统的作用表现为综合性，但是视觉反应却是最主要的，绝大多数风景都是视觉感知和欣赏的结果。如独秀奇峰、香山红叶、花港观鱼、云容水态、旭日东升等最主要的观赏效果。

听觉：以听赏为主要对象的风景是以自然界的声音美为主，常来自钟声、水声、风声、雨声、鸟语、蝉噪、蛙叫、鹿鸣等。如双桥清音、南屏晚钟、夹镜鸣琴、柳浪闻莺、蕉雨松风以及“蝉噪林愈静，鸟鸣山更幽”等境界均属常见的以听觉景感为主的风景。

嗅觉：嗅觉感知为其他艺术类别难有的效果。景物的嗅觉作用多来自欣欣向荣的花草树木，如映水兰香、曲水荷香、金桂飘香、晚菊冷香、雪梅暗香等都是众芳竞秀的美妙景象。

味觉：有些景物名胜是通过味觉景感而闻名于世的。如崂山、鼓山的矿泉水，清洌甘甜的济南泉水、虎跑泉水龙井茶等诸多天下名泉都需品茗尝试。

触觉：景象环境的温度、湿度、气流和景物的质感特征等是需要通过接触感知才能体验其风景效果。如叠彩清风、榕城古荫的清凉爽快；冷温汤泉、河海浴场的泳浴意趣；雾海烟雨的迷幻瑰丽；岩溶风景的冬暖夏凉；"大自然肌肤"的质感，都是身体接触到的自然美的享受。

联想：当人们看到每样景物时，都会联想起自己所熟识的某些东西，这是一种不可更改的知觉形式。"云想衣裳花想容"就是把自然想象成某种具有人性的东西。园林风景的意境和诗情画意即由这种知觉形式产生。所有的景物素材和艺术手法都可以引起联想和想象。

心理：由生活经验和科学技术手段推理而产生的理性反映，是客观景物在脑中的反映。如野生猛兽的凶残，但当人们能有效地保护自身安全或其被人驯服以后，猛兽也就成为生动的自然景物而被观赏；工业区烟囱的浓烟滚滚，曾被当作生产发展的象征而给以赞美，但当污染使其环境恶化，人们对它的心理反应呈现出剧烈的反感；水面倒影的绚丽多彩历来被人赞颂，而被工业废水污染的水面色彩却令人懊丧和无奈。因此，其实人们始终遵循着一个理性的景感，那就是只有不危害人的安全与健康的景象素材和生态环境才有可能引起人的美感。

此外，人的意识中的直观感觉能力和想象推理能力是复杂的、综合的、发展的，除上述景感之外，错觉、幻觉、运动觉、机体觉、平衡觉、日光浴、泥疗等对人的景感都会产生一定的积极作用。

C. 条件，是风景构成的制约因素和缘因手段，是赏景主体与风景客体所构成的特殊关系。景物和景感本身的存在与产生就包含有条件这个因素，景物素材的排列组合和景感反应的印象综合又是在一定的条件之中发生的。条件不仅存在于风景构成的全过程，也存在于风景欣赏与发展的全过程。条件既可限制风景，也可促进与强化风景。条件的变化必然影响风景的构成、效果和发展，如个人、时间、地点、文化、科技、经济、社会等。

个人：风景概念是因人而产生与存在的，因此，风景意识也会因人而异。不同个体的性别、年龄、种族、职业、爱好、经历与健康状况等都会影响其直观感觉和想象推理的能力。这种能力不仅在风景的影响下有所发展，而且很可能正是风景影响的产物。

时间：风景受时间的制约是最全面、最明显、最生动的。包括了时代年代、四时季相、昼夜晨昏、盛期衰期等极为丰富的变化与发展。

地点：地理位置、环境特点同景物的种类与风景的构成、内容、特色、发展等关系十分密切。视点、视距、视角的变化可能性很多，足以改变风景的特性。角度和方位的变化艺术，正是最直接地反映园林风景创作特点的所在。所以“地点”对风景效果的影响非常重要。

文化：不同的文化历史、艺术观念、民族传统、宗教信仰、风土民俗对大自然的认识和理解显然是不同的，因而对风景意识及其发展的影响至关重要。

科技：人对景物属性的了解与掌握，对自然规律的认识与理解，风景意识的形成与发展，风景资源的鉴赏与评价以及园林风景的创作与管理维护等，都要依赖科学技术、设备器材、交通工具及能源等条件。

经济：财力、物力、劳力、动力等经济条件直接影响着风景的构成、发展、维护。

社会：风景能直接反映出社会制度和生活方式及群体意识，体现出社会的需要和功能及其文化心理结构，表现出时代特色。

③我国风景资源的背景与现状。对我国目前景源的存在背景，许多学者认为，生态环境总体在恶化，局部在改善，治理能力赶不上破坏速度，生态赤字在扩大；森林、草地、湿地的面积减少，质量下降；土壤侵蚀和荒漠化面积增加；生物多样性减退；自然灾害频率加大，而且危害程度增加。

我国景源的优势明显地反映出总量大、类型齐全、价值高、独特景源较多。而景源的劣势表现为人均景源面积少、景源的分布与利用不均衡、景源面临的冲击与压力较多。例如，我国风景区的平均人口密度比国土平均人口密度高出约一倍，比美国国土平均人口密度高出约十倍，由此引发的人财物流压力可想而知。

④风景资源与旅游资源的主要区别。凡能激发旅游者的旅游动机，为旅游业所利用，并由此产生经济效益与社会效益的因素和条件为旅游资源；凡对旅游者具有吸引力的自然因素、社会因素或其他任何因素都是旅游资源。凡能为旅游者提供游览、观赏、知识、乐趣、度假、疗养、娱乐、休息、探险、猎奇、考察研究以及友好往来的客体与劳务，均可称为旅游资源。

风景资源同旅游资源是两个不同的概念。旅游资源不宜取代风景资源，只是从旅游学的角度来看，可把风景资源当作旅游的一种主要因素看待，并不包含风景资源的全部作用和意义。风景资源中有一部分可被旅游所用，而旅游资源中一部分是风景资源的组成部分，两者有相互重叠之处。

（3）风景名胜区的概念

①定义：风景名胜区是国家法定的区域概念，也称风景区，由相应级别的政府批准。它是指风景资源集中、环境优美，具有一定规模和旅游条件，可供人们游览观赏、休憩娱乐或进行科学文化活动的地域。

风景名胜区一般具有独特的地质地貌构造、优良的自然生态环境、优秀的历史文化积淀，具备游憩审美、教育科研、国土形象、生态保护、历史文化保护、带动地区发展等功能。国际上，很多国家有类似的国家公园与保护区体系。与西方的国家公园体系相比较，我国风景名胜区的特点为地貌与生态类型多样，发展历史悠久，具有人工与自然和谐共生的文化传统。

②景物：指具有独立欣赏价值的风景素材的个体，是风景区构景的基本单元。

③景观：指可以引起视觉感受的某种现象或一定区域内具有特征的景象。

④景点：由若干相关联的景物所构成，具有相对独立性和完善性，并具有审美特征的基本境域单位。

⑤景群：由若干相关景点所构成的景点群落或群体。

⑥景区：在风景区规划中，根据景源类型、景观特征或游赏需求而划分的一定用地范围，包含有较多景物和景点或若干景群，形成相对独立的分区特征。

⑦景线：也称风景线，由一连串相关景点所构成的线性风景形态或系列。

⑧游览线：也称游线，为游人安排的游览欣赏风景的路线。

⑨功能区：在风景区规划中，根据主要功能发展需求而划分的一定用地范围，形成相对独立的功能分区特征。

2. 风景区的特点与组成

（1）风景区的特点。

①与城市公园、森林公园、自然保护区有所区别。城市公园多位于城市建成区中，由城建部门管辖，主要为城市居民的日常休憩、娱乐提供服务；森林公园，多位于城市郊区，属林业部门管辖，与城市有较便捷的交通联系，主要为城市居民节假日和周末提供游览、休闲度假的场所；风景名胜区一般远离城市，风景类型与规模更多更大，属国家旅游部门管辖，需要较长的旅行时间和假期才能游赏。

②规模一般较大，但各风景区规模差异也较大。风景区一般具有区域性或全国性以及世界性的游览意义，它是一种大范围的游憩绿地，面积一般均较大。风景区的规模差异也较大，小的十几平方千米，大的近万平方千米。

③风景区的景观多以自然景观和人文景观为主，其规划建设是以科学保护、适度开发为原则。自然景观与人文遗迹融为一体是风景名胜区的一大特色。中国的自然山川大都经受历史文化的影响，伴有不少文物古迹，以及诗词歌赋、神话传说，自然景观与人文景观交相辉映，从不同侧面体现中华民族的悠久历史和灿烂文化。

④风景区景观资源各具特色。风景区一般均以各自的特色吸引大量游人。对于每一个游客来讲，其游览次数非常有限，总希望每到一处都有新的意境和收获。因此，风景区应充分利用其特色，因地制宜，因景制宜，展示自己的绝佳景观。如九寨沟、黄龙以奇水取胜，石林以奇石取胜，黄果树以瀑布取胜，天池以雪山平湖取胜。“泰山之雄，华山之险，匡庐之瀑，峨眉之秀”，虽同是名山，却各有奇观。泰山之雄是由于泰山在山东平原上孤峰独起，山势耸立，可远眺东海，故有“登泰山而小天下”的雄伟气势；华山的东南西三面均为险峻的悬岩，“自古华山一条路”是其最逼真的写照，

可谓其登山之惊险；而“匡庐之瀑”的特色是由于其特殊地势所造成，庐山为一座四面壁立的山顶平台，这里雨量充沛，山上汇水面又大，从而在四周峭壁上形成众多的瀑布景观，故有“飞流直下三千尺，疑是银河落九天”的绝句；“峨眉天下秀”是形容其貌如眉，峨眉山植被丰富，气候温和，终年云雾飘绕，具有“清、幽、秀、雅”的特色，因此，白居易有“蜀国多仙山，峨眉貌难匹”的佳句。同样是以水景为特色的著名风景区，太湖的景观以近海自然湖泊、岛屿、名寺为特色；浙江省楠溪江则以江流蜿蜒曲折，两岸绿林葱郁，奇岩瀑布而具备清、弯、秀、美的特点；太阳岛风景区则以漫滩洲岛大地宽阔、江湾湖沼水景多变和湿地生态为景观特征。

（2）风景区的组成

依据风景区发展的历程特征和社会需求规律，风景区的组成可以归纳为 3 个基本要素和 24 个组成因子。

①游赏对象：即风景区中可供游览欣赏的对象与内容，它是风景区社会功能与价值水平的决定性因素，是风景区的组成核心。广义的游赏对象包括极为丰富的所有景观，主要有天景、地景、水景、生景、国景、建筑、史迹、风物八类景观。

②游览设施（旅游设施）：即游人在游赏风景过程中必要的接待服务设施。游览设施是风景区的必备配套条件，它的等级、规模与布局要与游赏对象、游人结构和社会状况相适应。主要包括旅行、游览、饮食、住宿、购物、娱乐、保健、其他设施。

③运营管理：即风景区中的运营管理机构与机制。以保障风景游览活动的安全与顺利，保障风景区的自我生存与健康发展，同时防范和消除风景区中的消极因素。主要包括人员、财务、物资、机构建制、法规制度、目标任务及其他因子。

（二）风景区的功能与分级

1. 风景区的功能

风景区有保护自然资源、改善生态与环境、防灾减灾、造福社会的生态防护功能。保护风景名胜资源，维护自然生态平衡，随着经济的不断发展和各种开发活动的日益扩大，珍贵的自然景物、人文景物受到了威胁，大自然的生态环境也受到破坏。我国的风景名胜区正是在这种情况下设立的。

（1）保护遗传多样性。自然生态体系中的每一物种，都是经历了万年以上时间的演化形成的产物，无论何种动植物现在或将来都有其自己应有的利用价值。设立风景名胜区具有保存大自然物种，保护有代表性的动植物种群，并提供作为基因库的功能，以供子孙世世代代使用。

在国外，建立国家公园的重要目标就是要保护国家中的每一类主要的生态系统。如加拿大艾伯塔省南部的荒野是一处壮观的绵延山谷和丘陵地带，数千年来被当地人利用，河流深深地切入干燥的土壤，露出古代化石岩层，荒野保留了世界上最重要的白垩纪早期以来的恐龙化石样本。为了能特别地保护这些化石沉积以及稀有的半荒漠化的物种，在艾伯塔省建立了恐龙省立公园。在最近 80 年时间里，从这一地区采集到 300 多个较完整的恐龙骨架。现如今勘查还在继续进行，在每一个夏天，研究人员平均发现约 6 个保存完好的骨架。到目前为止，已经鉴定出 35 个种类。

（2）提供保护性环境。在城市中环境不断恶化十分明显，而在风景名胜区中，大多还保存着山清水秀的良好生态环境。风景名胜区大都具有成熟的生态体系，并包含有顶级生物群落，且较为稳定。对于缺乏生物机能的都市体系，及以追求生产量为目标的生产体系，均能产生一定的中和作用。它可以调节城市近域小气候，维持二氧化碳与氧气的动态平衡，对保护生态环境和防风防火都有重要的作用，对于人类的生活环境品质具有很大的现实意义。

风景区在自然的生态过程中可以净化水和空气，在自然界的养分循环和能量流动中也起着作用。它葱郁茂密的森林，是一个供氧宝库，也是人们恢复健康的野外休息场地。在森林中，森林植物能分泌杀菌物质，如 1h ㎡桧柏在一昼夜内可以分泌出 30kg 挥发性杀菌素；森林中含有较多的负离子，从电场角度来看，人的机体是一种生物电场的运动，人在疲劳或得了疾病后，肌体的消化代谢和传导系统就会产生障碍，这时需要补充负离子以保持人体生物电场的平衡。一定浓度的负离子能改善人体神经功能促进新陈代谢，可降低血压和减慢心率，使人感到心旷神怡，精神振奋，并且还能增强人体的免疫功能。

特别是接近城市的风景名胜区，为城市居民创造健康的生活环境起着重要的作用，应该尽量与城市绿地相联系，组成一个完整的绿地系统。

（3）游憩功能。风景区有培育山水景胜，提供游憩、陶冶身心、促进人与自然协调发展的游憩健身功能。尤其随着我国国民经济的高速增长，城市化进程的加速，人工环境的膨胀日益加剧，拥抱自然、回归自然已成为新时代人类心灵的倾向。人类与大自然发生良好互动的旅游活动，其热度越来越高，成为大众生活中较为普遍的消费需求，人们充分利用节日、假日的休息时间，到大自然中去游览观光，进行娱乐活动，调节身心，驱除疲劳，而风景名胜区就成为开展旅游活动的主要自然承载场地。风景名胜区有良好的生态环境和优美的自然风景，有丰富的文物古迹，正成为广大民众向往的游览观光之地。人们节假日来到这里，可开展野外游憩、审美欣赏、科技教育、娱乐体育、休养保健以及娱乐等活动。

（4）景观功能。风景区有树立国家形象、美化大地景观、创造健康优美的生存空间的景观形象功能。每一个风景名胜区，都有其独特的景观形象、美的环境和美的意境，呈现出各自千变万化的自然之美和各种瑰丽多彩的人文之美。风景区中由植物群落而组成的各类植物景观，给风景空间增加了生命的活力和季相的变化，使人们感受到大自然的亲切和爱抚。发挥美学价值，满足人们的精神享受。几千年来，中华民族积累了极为丰富的山水审美体验，特别是历代不少著名的文人墨客，留下了许多欣赏自然美景的诗词、画卷。在这种诗情画意的气氛下欣赏美丽的大自然，无疑是一个极其美好的精神享受。

风景区中一些典型的自然地貌被看成是区域“地标”，山川长存寓意着国家永在，它是民族文化和国家形象的象征。我国长江三峡，不仅有险峰、激流，还有古栈道、石刻，三峡激流中搏击而进的竹筏和沿岸奋力拉纤的船夫形象，历来为画家、诗人所讴歌，并蕴藏着中华民族不屈不挠、吃苦耐劳的勇敢精神。它给我们祖祖辈辈以无限激情和启迪，其山川地貌景观也已是中国国家的象征；日本的富士山，其白雪长年覆盖着沉寂的火山口，庄严而肃穆，也是神圣的国家象征。

（5）科教功能。风景区有展现历代科技文化、纪念先人先事先物、增强德智育人的寓教于游的功能。具体体现在科研科普、历史教科书、文学艺术课堂等方面。人类的文明是在征服大自然中产生的，其发展仍然离不开大自然环境。我们仔细地研究和探询自然历史，根本目的不在于过去，而在于未来，是为了寻得自然界事物的运行规律，最终求得人类将来改造世界的进程和方式。历经自然演变的原始风景，含有大自然运动的真实痕迹和信息，原始的自然风景是人类开创未来的极有价值的资源财富。供人们特别是科技工作者开展科学研究活动的风景名胜区保存着不少具有典型意义的地质、地貌，存在着许多极为珍贵的动植物，保存着不少原生的自然环境。对于研究地球变迁、生物演替、生态平衡等方面，是良好的天然博物馆和实验室。

科研科普方面，风景区往往是特有的地形、地貌、地质构造、稀有生物及其原种、古代建筑、民族乡土建筑的宝库，而且他们都有一定的典型性和代表性，有极其重要的科学研究价值。中国的泰山风景区，其古老的变质岩系是中国东部最重要、最为典型，其地层的划分对比，泰山杂岩的原岩特点都对中国东部太古代地层划分、对比研究具有重要意义，对中国东部太古代地质历史恢复也有典型意义。游览泰山，不但可以欣赏其雄伟壮观的山岳景观，领略其“一览众山小”的高山气势，而且在游赏过程中，还会增进地质学方面的知识。

认识历史方面，我国的风景名胜区中，有的是古代“神山”，因被历代帝王封禅祭天活动而形成的至尊“五岳”，或自古以来因宗教活动而逐渐发展的佛教名山和道教洞天，或革命纪念地、避暑胜地等。因此很多风景名胜区中，都保存着不少的文物古迹、摩崖石刻、古建园林、诗联匾额、壁画雕刻……它们都是文学史、革命史、艺术史、科技发展史、建筑史、园林史等的重要史料，也是历史的见证。所以一些风景名胜区被誉为一部“史书”，有游山如读史书之说，如四川的乐山大佛石刻，就是一项巨大的雕塑工程，其艺术造型具有重大的历史价值。

在文学艺术方面，大自然的高山江河、树木花草历来具有巨大深远的美学艺术价值，从而培养了时代的精神文明。我国的风景名胜区与其他国家的风景区有明显的不同点，就是在于我国的风景区在其历史发展的过程中深受古代哲学、宗教、文学、艺术的深厚影响。中国是最早发展山水诗、山水画、山水园林等山水风景艺术的国家，这都与我国古代人民最早认识自然之美，开发建设名胜风景区有密切的关系。我国的美丽山川自古以来都吸引了很多文人学士、画家、园林家，创作出了很多文学艺术作品。公元前 3 世纪的战国时期宋玉的《神女赋》和《高唐赋》，把长江三峡的峰峦云雾幻想为光华耀目、美妙横生的巫山神女，使后人身临其境，触景生情，神往不已，所以说我国的风景名胜区既是文学艺术的宝库，也是文学艺术的课堂。还有许多风景名胜区内有许多纪念民族英雄、爱国诗人等的纪念性建筑，都使人们在游览过程中接受爱国主义教育。

（6）经济功能。风景区具有一、二、三产业的潜能，有推动旅游经济、脱贫增收、调整城乡结构、带动地区全面发展的经济催化功能。在国外，许多国家如美国、日本、加拿大、瑞士、英国、法国等国家公园所带来的旅游收入均有可观的数目。就连非洲的国家公园，其收益对国家的经济帮助也是显而易见的。风景名胜区本身并不直接产生经济价值，而是通过其自然景观、人文景观及风景环境供人们游览，再通过为游人的食、住、行、娱、购、服务等经济活动而产生经济价值。

旅游业是一项综合性产业，它能通过产业联动链带动一系列相关产业的发展，如交通业、餐饮业、加工业、种植业、零售业等发展。据研究，旅游业每收入 1 元，就给国民经济的相关行业带来 5 ～ 7 元的增值效益。

2. 风景区的分级

（1）风景名胜区的分级。具有一定欣赏、文化或科学价值，环境优美，规模较小，设施简单，以接待本地区游人为主的定为市（县）级风景名胜区。具有较重要的观赏、文化或科学价值，景观有地方代表性，有一定规模和设施条件，在省内外有影响的定为省级风景名胜区。具有重要的观赏、文化或科学价值，景观独特，国内外著名，规模较大的定为国家重点风景名胜区。

（2）风景名胜区与旅游区、自然保护区的区别。风景名胜区必须是国家或地方政府批准的，区域范围明确的，分级别的地域。旅游区与风景区不同，一般以一至二个风景为主体，联系其他风景游览地区，组成一个在地域上并不连片，但交通联系方便，旅游设施配套，旅游管理协调，有相对独立的游览服务体系的地域。风景区与旅游区的规划内容不尽相同。从风景区角度，有全国性风景区域规划，省级风景区域规划，市县级风景区域规划。风景名胜区规划包括总体规划、详细规划、景点详细设计、建筑单项设计、绿化单项设计等。从旅游区角度，有区域性旅游发展战略规划、旅游线路设计、旅游节目设计、旅游业发展总体规划、旅游供给发展计划。它是国家土地利用中的部分工作，与风景区规划内容有很大的不同。

此外，风景名胜区的范围是确定的，一旦划定后，就有法律效力，而旅游区的范围不确定，没有明确的边界，通常是跨行政区的。

自然保护区是指国家为保护自然环境效益和自然资源，对具有代表性的不同自然地带的环境和生态系统，珍贵稀有动物的自然栖息地，珍稀的植物群落，具有特殊意义的自然历史遗迹地区和重要水源地等，划出界限，加以特殊保护的地域。

根据《中华人民共和国自然保护区管理条例》规定，自然保护区可以分为核心区、缓冲区和实验区。其中，核心区禁止任何单位和个人进入；缓冲区只准进入从事科学研究观测活动;缓冲区外围划为实验区,可以进入从事科学试验、参观考察、旅游等活动。

风景名胜区、旅游区、自然保护区三者，都可开展旅游活动，都有“风景”，但它们的定义、性质、作用、要求等却有显著区别。其规划内容、管理方式、管理机构职能也都有根本的差别。风景名胜区是中国特有的称法，国外相应地称为国家公园或自然公园。国家公园是美国最先提出的，国家公园的含义非常广泛，狭义的国家公园是专指国家天然公园，即自然资源保护区。广义的国家公园则包括国家历史公园，即人文资源、历史古迹保护区及国家游乐胜地，即大自然野外游乐区。自然公园是由日本提出的。它包括原始自然环境保护区、自然环境保护区、国立公园、国家公园、都道府县立自然公园、都道府县自然环境保护区。

二、风景资源与风景区的分类评价

1. 风景资源的层次与分类

风景资源是指能引起审美与欣赏活动，可以作为风景游览对象和风景开发利用的事物与因素的总称。风景资源是构成风景环境的基本要素，是风景区产生环境效益、社会效益、经济效益的物质基础。

风景资源层次表现为结构层、种类层和形态层：

结构层——如景物、景点、景群、景线、景区、风景区、风景区域；

种类层——如天景、地景、水景、生景、园景、建筑、胜迹、风物（景物）；

形态层———如泉井、溪流、江河、湖泊、瀑布、滩涂、海湾、浪潮（水景）。

风景资源分类原则包括性状分类原则、指标控制原则、包容性原则、约定俗成原则。根据《风景名胜区规划规范》的分类方法，以景观特色为主要划分依据，将风景资源划分为 3 个大类、12 个中类、98 个小类。

（1）自然景源。自然景源是指以自然事物和因素为主的，具有极高美学价值的自然风景资源，是所有资源中吸引力最大，也是当前国际研究较少，破坏最大的一类资源。

中国天地广阔，自然景源众多。从寒温带的黑龙江到临近赤道的南海诸岛，纵跨纬度近 50°，南北气候差异显著；从雪峰连绵的世界屋脊到水网密布的东海之滨，海拔高差 8km，东西高程变化悬殊；从鸭绿江口到北仑河口的万里海疆，渤海、黄海、东海、南海等中国海域总面积 472 万 k ㎡，四海相连通大洋，弧形海域环列陆域的东南方；这种地理位置和海陆间热力差异，形成了特有的季风气候，使高温多雨的华南成为世界上亚热带最富庶的地区；在这高山平原纵横、江河湖海交织的疆域里，保存与繁育着世界上最古老而又复杂繁多的生物种群和地下宝藏。正是由于这些因素，中国兼备雄伟壮丽的大尺度景观和丰富多彩的中小尺度景象。为了便于调查研究与合理利用，我们依据景源的自然属性和自然单元特征，将其提取、归纳、划分为 4 个中类、40 个小类、多于 417 个子类。以下为 4 个中类：

①天景：是指天空景象。如日月星光、虹霞蜃景、风雨阴晴、气候景象、自然声象、云雾景观、冰雪霜露、其他天景。

②地景：是指地文和地质景观。如大尺度山地、山景、奇峰、峡谷、洞府、石林石景、沙景沙漠、火山熔岩、蚀余景观、洲岛屿礁、海岸景观、海地地形、地质珍迹、其他地景。

③水景：是指水体景观。如泉井、溪流、江河、湖泊、潭池、瀑布跌水、沼泽滩涂、海湾海域、冰雪冰川、其他水景。

④生景：是指生物景观。如森林、草地草原、古树名木、珍稀生物、植物生态类群、动物群栖息地、物候季相景观、其他生物景观。

（2）人文景源。

人文景源是指可以作为景源的人类社会的各种文化现象与成就，是以人为事物因素为主的景源。

中国历史悠久，人文景源丰富。所谓人文景源，是指可以作为景源的人类社会的各种文化现象与成就，是以人为事物因素为主的景源。古老而又充满活力的中华民族，在上下五千年的社会实践中创造了博大的物质财富和精神财富，并成为人类社会的重要而又独特的文化成果。在内容非常丰富、门类异常复杂的成就中，与景源关系比较密切的有：在各个历史进程中，遗留下了大量的人类创造或者与人类活动有关的物质遗存——文物史迹；在不同历史、自然、环境条件下，人们创造的生存、生活和工作空间——建筑艺术成就；在崇尚自然的精神活动中，中华民族创造了丰富的天人哲理、山水文化和艺术的生态境域——园林艺术成就；在多样化的地域环境和历史轨迹中，多民族团结奋进的中国，还有着丰富多彩的风土民情和地方风物。

在实际工作中，我们依据人文景源的属性特征，按其人工建设单元或人为活动单元，将其归纳、划分为 4 个中类、34 个小类、多于 270 个子类。主要介绍以下 4 个中类：

①园景：是指园苑景观。如历史名园、现代公园、植物园、动物园、庭宅花园、专类游园、陵园墓园、其他园景、名胜古迹资源。

②建筑：是指建筑景观。如风景建筑、民居宗祠、文娱建筑、商业服务建筑、宫殿衙署、宗教建筑、纪念建筑、工交建筑、工程构筑物、其他建筑。

③胜迹：是指历史遗迹景观。如遗址遗迹、摩崖题刻、石窟、雕塑、纪念地、科

技工程、游娱文体场地、其他胜迹。

④风物:是指风物景观。如节假庆典、民族民俗、宗教礼仪、神话传说、民间文艺、地方人物、地方物产、其他风物。

（3）综合景源。

由多种自然和人文因素综合组成的中尺度景观单元，是社会功能与自然因素相结合的景观或景地单元。可分为4个中类、24个小类、111个子类。

中国文化璀璨，综合景源荟萃。所谓综合景源，是由多种自然和人文因素综合组成的中尺度景观单元，是社会功能与自然因素相结合的景观或景地单元。综合景源大都汇合在一定用地范围，常有一定的开发利用基础，然而尚有相当的价值潜力需要进一步发掘评价和开发利用。

中华文化的重要特征之一是重视人与自然的和谐统一，强调人与自然的协调发展。在历史发展进程中，人类不断地认识、利用、改造自然，使原生的自然逐渐增加了人的因素，并日益成为人化的自然。然而，在这个“自然的人化”过程中，人类自身也逐渐地被自然化了，风景旅游日益成为人的一种基本需求。人们追寻自然、回归自然，就是为了使身体和精神更多地与自然交融，从而使个人和社会获得更加健康而愉快的生存与发展。随着人口增加和社会进步，这种需求更加重要，并向多元化发展，从而产生多种类型的社会功能与自然因素相结合的景观环境或地域单元，其中不乏可以作为综合景源看待者，可分为以下部分：

①游憩景地：是指野游探胜、求知求新的景观或景地。

②娱乐景地：是指游戏娱乐、体育运动、求乐求新的景观或景地。

③保健景地：是指度假保健和休养疗养景观和景地。

④城乡景观：是指可以观光游览的城乡景观。

2. 风景资源的评价

风景资源评价是通过对风景资源类型、规模、结构、组合、功能的评价，确定风景资源的质量水平。评估各种风景资源在风景规划区所处的地位，为风景区规划、建设、景区修复和重建提供科学依据。

（1）风景资源评价内容。风景资源评价一般包括四个部分：风景资源调查、风景资源筛选与分类、风景资源评价与分级、评价结论。风景资源评价是风景区确定景区性质、发展对策，进行规划布局的重要依据，是风景名胜区规划的一项重要工作。

风景资源的评价，有两种常用的方法，即定性评价和定量评价。

①风景资源的定性评价。定性评价是比较传统的评价方法，侧重于经验概括，具有整体思维的观念，往往抓住风景资源的显著特点，采用艺术化的语言进行概括描述。但是，它有其很大的局限性，比较突出的是缺乏严格统一的评价标准，可比性差；评价语言偏重于文学描述，主观色彩较浓，经常带有不切实际的夸大成分。对风景资源

的评价，我国自古有之，多是由文人形容用文字进行艺术性的描述，如“天下第一泉”“第一山”，还有所谓“甲”“最”“绝”等带有评价性的文字，但因文学语言的描述可比性较差，随着风景资源的开发和建设，有必要对风景资源有一个较为严密的科学和艺术上的分析评价标准。

②风景资源的定量评价。定量评价侧重于数量统计分析，一般事先提出一套评价指标（因子）体系，再根据调查结果，对于风景资源进行赋值，然后计算各风景资源的得分，根据得分的多少评出资源的等级。定量评价方法具有明确统一的评价标准，易于操作，容易普及，但是也存在着一些缺陷：定量评价把资源的质量分解为几个单项的指标（因子），比较机械呆板，容易忽视资源的整体特征。

根据以上分析可以看出，为了科学、准确、全面地评价风景资源，必须把定性评价和定量评价相互结合，缺一不可。在实际工作中，可以定量评价为主，同时通过定性评价，整合、修正、反馈和检验定量评价工作的成果。

（2）风景资源评价原则

①风景资源评价必须在真实资料基础上，把现场踏查与资料分析相结合，实事求是地进行。

②风景资源评价应采取定性概括与定量分析相结合的方法综合评价景源特征。

③根据风景资源类别与组合特点，应选择适当的评价单元与评价指标，对独特或濒危景源，宜作单独评价。

④整体思维分析与定量分析的有机融合与互补。

⑤以评价综合层、项目层、因子层三层次作为评价系列。

⑥综合景源价值、环境水平、旅游条件、规模范围进行全面评价。

⑦评价分析参照区域内外、国内外的同类景源进行评价比较。

（3）评价指标的规定

①对风景名胜区或部分较大景区进行评价时，宜选用综合评价指标。

②对景点或景群进行评价时，宜选用项目评价层指标。

③对景物进行评价时，宜在因子评价层指标中选择。

（4）风景资源评价分级。

根据风景资源评价单元的特征，以及不同层次的评价指标得分和吸引力范围，把风景资源等级划分为特级、一级、二级、三级、四级。

①特级景源应具有珍贵、独特、世界遗产价值和意义，有世界奇迹般的吸引力。

②一级景源应具有名贵、罕见、国家重点保护价值和国家代表性作用，在国内外著名和有国际吸引力。

③二级景源应具有重要、特殊、省级重点保护价值和地方代表性作用，在省内外闻名和有省际吸引力。

④三级景源应具有一定价值和游线辅助作用，有市县级保护价值和相关地区的吸引力。

⑤四级景源应具有一般价值和构景作用，有本风景名胜区或当地的吸引力。

（5）风景资源的评估标准

对风景资源的评价可从资源本身的历史文化价值、科学价值、观赏价值、生态价值、经济价值等方面入手，相应确定历史性、科学性、观赏性、自然性、多样性等几种价值标准，从而对风景资源进行综合全面地评价。

历史性：是为评估风景资源的文化价值而提出的标准。历史性体现在风景资源文化的悠久性、地方性、独特性、知名程度等方面。历史越悠久，其文化价值就越高。风景资源的历史性对于风景资源的价值有着很大的影响。如泰山因拥有旧石器到新石器时代的文化遗迹，更有5000年以来极为丰富的文化遗产———摩崖石刻、碑碣等，还有历代帝王封禅的遗迹，因此，泰山不仅成为“五岳独尊”的天地象征，而且也成为有着悠久历史和辉煌灿烂的古代文化、勤劳勇敢的中华民族的象征。正因如此，泰山被世界联合国教科文组织确定为世界自然、文化双遗产。

科学性：是为评估风景资源的科学价值而提出的标准，主要指风景资源中地质水文、地形地貌变化的丰富程度，以及稀有动物、原始植物群落等。这些具有科学研究、科普教育和实验考察的内容越丰富，其科学价值就越高。如河南嵩山，其地质构造复杂，岩龄古老，经过了嵩阳运动、中岳运动、少林运动、怀远运动、燕山运动、喜马拉雅和新构造运动的地壳运动，而形成了瑰丽多姿、怪石林立的嵩山山岳景观，被地质学家誉为“天然地质博物馆”。

观赏性：反映风景资源的观赏价值的评估标准。观赏性表现在景观的新奇性、复杂性和统一性等方面，丰富多彩的景色胜于平淡乏味的景色，自然和谐的景色胜于支离破碎的景色。如桂林山水以其簪山、带水、幽洞、奇石有机结合，形成“无水无山不连洞，无山无水不入神”的优美境界，从而使桂林山水享有“甲天下”的美称。

自然性：是为评估风景资源的生态价值、环境质量而提出的标准。自然性强，表现的生态系统运动秩序良好，物种丰富，污染少，遭受破坏程度小。自然性越强，风景资源的生态价值及环境质量就越高。如湖北神农架地质地形条件复杂，原始植被繁茂，动植物景观丰富，野生植被有2000多种，其中属世界稀少或我国特有的植物近40种，野生动物500多种，其中珍贵保护动物20多种，是我国著名自然保护区。再如湖南张家界风景区，地质构造奇特，植被茂密，珍禽异兽种类繁多，被誉为“大自然博物馆”。

多样性：是衡量风景资源综合价值的标准，多样性越长，其综合价值就越高。如泰山无论其历史价值、观赏价值，还是生态价值、科学价值，都达到很高水平，因此被誉为“五岳独尊，名山之祖”。

A 级风景点：总分在 60 分以上或总分在 50 分以上、景源价值在 30 分以上的风景点。

B 级风景点：总分在 50 分以上或总分在 40 分以上，景源价值在 20 分以上的风景点。

C 级风景点：总分在 40 分以上或总分在 30 分以上，景源价值在 15 分以上的风景点。

D 级风景点：总分在 40 分以下，景源价值在 15 分以下的风景点。

（6）风景资源评估方法

①专家学派评估方法。基于形式美的原则，专家学派把风景资源景色分解为线条、形体、色彩和质地等基本构成元素，以其多样性、独特性、统一性为标准评价风景。专家学派认为，凡是符合形式美原则的风景一般都具有较高的质量，是优美的风景。专家学派的方法最突出的优点在于其实用性，是风景师常用的传统方法。

②心理学派评估方法。心理学派评估方法的出发点是把景观与景观审美的关系理解为刺激—反应的关系。在风景评估中应用心理物理学检测方法，通过测量公众对景观的审美反映，得到公众风景评估的结果，然后设法寻求该结果与景观客体元素之间的数学函数关系，从而根据具体环境中景观客体元素，计算公众对此环境的风景评估结果。心理学派的风景评估模型基本由两部分构成：一是公众平均审美态度，即风景美景度的主观测试；二是对风景景观客体元素，即构景成分的客观测试。此方法用数学模型来评估及预测风景质量，具有一定的科学性。

③物理元素知觉法。这是一种科学性更强的风景质量评估方法。将自然景观中客观存在的天然要素定量化，运用先进的数理方法，根据选定的对象来评判其中的某种自然要素，在多大程度上影响风景的美学及生态质量，即将风景按照景观中占优势的特征类型进行分类，以表述其中各种类型景色的不同美学价值。风景要素分类包括地形地貌、植被、水体、色彩、相邻地域景色以及奇特性、侵入性、人文变更等方面，将各要素再进行分级定分，通过对各种不同的风景要素进行分析叠加，经综合评估，可提出一定的管理目标，为决策部门提供指导性意见。在实际工作中，要因景施法，或用其一，或综合运用。在用其任何一种方法时，均要求专家与公众有机结合，使评价结果更具科学性、客观性。

（7）风景资源评价结论。由景源等级统计表、评价分析、特征概括三部分组成。景源等级统计表应标明景源单元名称、地点、规模、景观特征、评价指标分值、评价级别等。评价分析应表明主要评价指标的特征或结果分析；特征概括应表明风景资源的级别数量、类型特征及其综合特征。

三、风景区的分类评价

（一）风景名胜区分类

风景区一般具有区域性或全国性，乃至世界性的游览意义，它是一种大范围的游憩绿地，对于这样大的风景区，除应具备方便的食、行、交通和丰富的游览内容外，其景区的景色特征也是非常重要的。因此风景区应创造不同的特色。在我国现有的风景区中，常有“泰山之雄，华山之险，匡庐之瀑，峨眉之秀”的赞誉，虽同是名山，但各有奇观绝境，这就是它们吸引游人经久不衰的真正原因。风景区的分类方法很多，实际应用比较多的是按等级、规模、景观、结构、布局等特征划分，也可以按设施和管理特征划分。

1. 风景区按等级特征分类

主要是按风景区的观赏、文化、科学价值及其环境质量、规模大小、游览条件等，划分为三级：

①市、县级风景名胜区：具有一定观赏、文化或科学价值，环境优美，规模较小，设施简单，以接待本地区游人为主的定为市（县）级风景名胜区。由市、县主管部门组织有关部门提出风景名胜资源调查评价报告，报市、县人民政府审定公布，并报省级主管部门备案。

②省级风景名胜区：具有较重要观赏、文化或科学价值，景观有地方代表性，有一定规模和设施条件，在省内外有影响的定为省级风景名胜区。由市、县人民政府提出风景名胜资源调查评价报告，报省、自治区、直辖市人民政府审定公布，并报建设部备案。

③国家级重点风景名胜区：具有重要观赏、文化或科学价值，景观独特，国内外著名，规模较大的定为国家重点风景名胜区。由省、自治区、直辖市人民政府提出风景名胜资源调查评价报告，报国务院审定公布。

在此基础之上，近年又延伸出并实际存在的有两类：一类是列入“世界遗产”名录的风景区，这是经过联合国教科文组织世界遗产委员会审议公布，俗称世界级风景区；另一类是暂未列入三级风景区名单的准三级风景区，这些风景区已由各级政府审定的国土规划、区域规划、城镇规划、风景旅游体系规划所划定。

（2）风景区按用地规模分类。

按规划范围和用地规模的大小划分为 4 类：

①小型风景区（20k ㎡以下）。

②中型风景区（21 ~ 100k ㎡）。

③大型风景区（101 ~ 500k ㎡）。

④特大型风景区（500k ㎡以上）。

（3）风景区按景观特征分类

①山岳型风景区：以高、中低山各种山景为主体景观特征的风景区。如五岳和各种名山风景区。

②峡谷型风景区：以各种峡谷风光为主体景观特征的风景区。如长江三峡、黄河

三门峡、云南三江大峡谷等风景区。

③岩洞型风景区：以各种岩溶洞穴或熔岩洞景为主体景观特征的风景区。如北京云水洞、桂林七星岩、芦笛、肇庆七星岩、本溪水洞等风景区。

④江河型风景区：以各种江河溪瀑等动态水体水景为主体景观特征的风景区。如楠溪江、黄果树、黄河壶口瀑布、路南大叠水等风景区。

⑤湖泊型风景区：以各种湖泊水库等水体水景为主体景观特征的风景区。如杭州西湖、武汉东湖、新疆天山天池、云南洱海、贵州红枫湖、青海湖等风景区。

⑥海滨型风景区:以各种海滨、海岛等海景为主体景观特征的风景区。如青岛海滨、嵊泗列岛、福建海潭、三亚海滨等风景区。

⑦森林型风景区：以各种森林及其生物景观为主体特征的风景区；如西双版纳、蜀南竹海、百里杜鹃、广西花溪等风景区。

⑧草原型风景区:以各种草原、草地、沙漠风光及其生物景观为主体特征的风景区。如呼伦贝尔大草原、河北坝上草原、扎兰屯等风景区。

⑨史迹型风景区：以历代园景、建筑和史迹景观为主体景观的风景区。如避暑山庄外八庙、八达岭、十三陵、中山陵、敦煌莫高窟、龙门石窟等风景区。

⑩综合型景观风景区：以各种自然和人文景观相互融合成综合型景观特点的风景区。如漓江、太湖、大理、两江一湖、三江并流等风景区。

由此产生了以下各具特色的风景区：

以山景取胜的风景区:如安徽黄山、四川峨眉山、山东泰山、江西庐山、陕西华山、湖南衡山、湖北武当山、河南嵩山、浙江雁荡山、云南路南石林、湖北神农架山、东青岛崂山等。以水景取胜的风景区，如无锡太湖、杭州西湖、云南大理洱海、昆明滇池、新疆天山天池、贵州黄果树瀑布、上海淀山湖等。

山水结合、交相辉映的风景区，如黑龙江五大连池、广西漓江、广东肇庆星湖、厦门鼓浪屿、四川九寨沟、黄龙、台湾日月潭等。

以历史古迹为主的风景区，如浙江舟山普陀山、安徽九华山、山西五台山、陕西临潼（半坡遗址、骊山、秦陵等）、承德避暑山庄与外八庙、湖北襄阳陵中、河北遵化清东陵、四川乐山、敦煌壁画、山西大同云冈石窟、太原天龙山石窟、河南龙门石窟、四川大足石刻。

以休疗养避暑胜地为主的风景区，如河北秦皇岛市北戴河、浙江莫干山、河南鸡公山、广州白云山、青岛海滨等。

以近代革命圣地为主的风景区，如江西井冈山、陕西延安、贵州遵义、河北西柏坡、江西瑞金等。

自然保护区中的游览区，如我国目前有 45 个自然保护区，部分地区开发为旅游区。如湖北神农架自然保护区、云南西双版纳热带雨林自然保护区等。

因现代工程建设而形成的风景区，如浙江新安江水库、北京密云水库、河南三门峡、湖北宜昌西陵峡（葛洲坝）、三峡工程等。

（4）风景区按结构特征分类。

依据风景区的内容配置所形成的职能结构特征：

①单一型风景区。在内容简单、功能单一的风景区，其构成主要是由风景游览欣赏对象组成的风景游赏系统，其结构为一个智能系统组成的单一型结构。这样的风景名胜区常常是地理位置远离城市、开发时间较短、设施基础薄弱。

②复合型风景区。复合型风景区的内容与功能较丰富，它不仅有风景游赏对象，还有相应的旅行游览接待服务设施组成的旅游设施系统，因而其结构特征由风景游赏和旅游设施两个职能系统复合组成。例如很多中小型风景区就属于复合型结构。

③综合型风景区。这一类风景区的内容与功能较复杂，它不仅有游赏对象、旅游设施，还有相当规模的居民生产与社会管理内容组成的居民社会系统，因而其结构特征由风景游赏、旅游设施、居民社会三个职能系统综合组成。例如很多大中型风景区就属于综合型结构。

风景名胜区的职能结构，涉及风景区的自我生存条件、发展动力、运营机制等关键问题，对风景名胜区的规划、实施管理和运行意义重大。对于单一性结构的风景名胜区，在规划中需要重点解决风景游憩组织和游览设施的配置布局。对于综合型结构的风景名胜区，则要特别注意协调风景游赏，居民生活、生态保护等各项功能与用地的关系；解决好游览服务设施的调整、优化与更新；发掘开发新的风景资源等。

（5）风景区按布局形式分类

风景名胜区的规划布局，是一个战略统筹过程。该过程在规划界线内，将规划对象和规划构思通过不同的规划策略和处理方式，全面系统地安排在适当位置，为规划对象的各组成要素、组成部分均能共同发挥应有的作用，创造最优整体。

风景区的规划布局形态，既反映风景区各组成要素的分区、结构、地域等整体形态规律，也影响风景区的有序发展及其与外围环境的关系。风景名胜区的规划布局一般采用的形式有：

①集中型（块状）风景区。

②线型（带状）风景区。

③组团型（集群）风景区。

④放射型（枝状）风景区。

⑤链珠型（串状）风景区。

⑥星座型（散点）风景区。

（6）风景区按功能设施特征分类。

①观光型风景区，有限度地配备旅行、游览、饮食、购物等为观览欣赏服务的设施。

如大多数城郊风景区。

②游憩型风景区，配备有康体、浴场、高尔夫球等游想娱乐设施。可以有一定的住宿床位。如三亚海淀区。

③休假型风景区，配备有休疗养、避暑寒、度假、保健等设施。有相应规模的住宿床位。如北戴河、北京小汤山风景区。

④民俗型风景区，保存有相当的乡土民居、遗迹遗风、劳作、节庆庙会、宗教礼仪等社会民风民俗特点与设施。如云南元阳梯田保护区、泸沽湖。

⑤生态型风景区，配备有保护监测、观测试验等科教设施，严格限制行、游、食、宿、购、娱、健等设施。如黄龙、九寨沟等。

⑥综合型风景区，各项功能设施较多，可以定性、定量地、定地段的综合配置。如大多数风景区均有此特征。

2. 风景名胜区的评价

风景区需要进行综合评价。如景区内天然山水景观效果；文物古迹的历史价值；自然植、被的优劣程度；四季气候的适宜程度；对外交通的利用可能；交通食宿的方便条件；国内外的声誉高低；旅游的容纳规模等。评价的方法是定性与定量评价结合，以定性评价为主。

（1）天然山水的景观效果。山峰的海拔（绝对与相对）高度，山峰的石质、纹理、植被情况等；瀑布的流量、落差、水质、形状及声响等。洞体的形态、体量、其内的景观丰富度，可游长度等；山水结合的综合效果，山上植被生长状况等。

（2）文物古迹的历史价值。我国的风景区与文物古迹及文学艺术有着密切关系。如古迹历史久远的程度，在文学、历史及艺术价值上的高低，在国内稀有的程度，在国外声誉的高低等。

（3）自然植被的质量优劣。“山得水而活，得草木而华”，风景区绿化质量的高低直接影响风景区质量。风景区的绿化面积、森林覆盖率、树种、植物自然群落等指标，对风景区的质量都有影响。

（4）对外交通的利用可能性。风景区与周围城镇交通联系的便捷程度，直接影响其开发利用程度，可通过对现有公路、铁路、航路里程、行车密度、站场设置等情况进行统计，得出平均每个游人从附近交通枢纽的城镇到达风景区的时间数。

（5）交通食宿条件的方便程度。风景区内部提供旅游者使用的公共交通工具的种类、使用率，各级各类旅馆的接待量与服务标准，商业饮食等服务设施的规模及布局等。

（6）旅行游览的容纳规模。景区内游人最大容量，景区供电、供水能力，旅游设施建设可用地规模大小等。

（7）国内外的声誉高低。景区的知名度，声誉高低等。

（8）四季气候的适宜程度。在风景区的旅游活动主要是室外，除冬季滑雪场运动的特殊情况外，绝大多数人们要求不冷不热舒适的气候条件，气候条件直接影响着游人规模与设施利用率。

根据上述几方面可以对风景区做出较为全面的、客观的评价，为风景区规划的编制及总体规划提供有力的依据。

三、风景名胜区开发概况

（一）我国古代风景名胜区

1. 五帝以前——风景名胜区的萌芽阶段

自然崇拜和图腾崇拜是审美意识和艺术创造的萌芽；河姆渡文化印证着早期审美活动；轩辕开启的野生动物驯养是在大自然中建立“囿”的开端；城堡式聚落的出现，开始了人工环境与大自然的矛盾演变；封禅祭祀，五岳四渎、名山大川是早期风景名胜区的直接萌芽形式。

2. 夏商周——风景名胜区的发端阶段

大禹治水的实质是我国首次国土和大地山川景物规划及其综合治理；从甲骨文出现“囿”字和灵台的记述可知，囿是在山水生物丰美地段，挖沼筑台，以形成观天通神、游憩娱乐、生活生产、与民同享的境域；公元前17世纪出现的爱护野生动物、保护自然资源、有节制狩猎，进而把保护自然生态与仁德治国等同的思想，应是中国风景名胜区发展传承的动因，也是当代永续利用与可持续发展等念头的源头。

3. 春秋战国——城市建设推动邑郊风景名胜区的发展

离宫别馆与台榭苑囿建设促进了古云梦泽和太湖风景名胜区的形成与发展；战国中叶为开发巴蜀而开凿栈道，形成举世闻名的千里栈道风景名胜走廊；翠云廊、剑门关、观音岩、千佛岩、明月峡等，李冰兴修水利形成了都江堰风景名胜区；《周礼》规定的“大司马”掌管和保护全国自然资源，“囿人”掌管囿游禁兽等制度，对风景名胜区保护管理和发展起到保障作用；先秦的科技发展，引导人们更加深入地观察自然、省悟人生，不仅奠定了儒道互补而又协调的古代审美基础，也蕴含后世风景名胜区发展的动因、思想和哲学基础。

4. 秦汉——风景名胜区的形成阶段

频繁的封禅和继嗣及其设施建设，促使五岳五镇以及以五岳为首的中国名山景胜体系的形成与发展；佛教和道教开始进入名山，加之神仙思想和神仙境界的影响，使人们更多地关注山海洲岛景象，并在自然山川和苑景中寻求幻想中的仙境；宏大的秦汉宫苑建设，形成了甘泉山景区和具大型风景区特征的上林苑；灵渠的开凿，促进桂林山水的发展；秦汉帝王巡游、学者远游、民间郊游等游历之风大盛，刺激着对自然山水美的体察和山水审美观的领悟；司马迁游历具有科学考察意义；汉代修筑钱塘，使杭州西湖与钱塘江分开，进入新的发展阶段；秦汉的山水文化和隐逸岩栖现象，使一批山水胜地闻名，反映山水审美观的发展并走向成熟。这一时期，因祭祀和宗教活动而形成的五台山、普陀山、武当山、三清山、龙虎山、恒山、天柱山、黄帝陵等风景名胜区；因游憩发展而形成秦皇岛、云台山、胶东半岛、岳麓山、白云山、巢湖等风景名胜区；因建设活动而形成桂林漓江、三峡、都江堰、剑门、大理、蜀岗瘦西湖、滇池、花山、云龙山、古上林苑、古曲江池等风景名胜区。

5. 魏晋南北朝——风景名胜区快速发展阶段

佛教道教空前盛行，宗教与朝拜活动及其配套设施的开发建设，促使山水景胜和宗教圣地的快速发展；杭州西湖、九华山、丹霞山、罗浮山、邛崃山、天台山、莫高窟、麦积山、云岗、龙门等。游览山水、民俗春游、隐逸岩栖等成为社会时尚，诸多山水文化因素促使风景名胜区的游憩和欣赏审美功能明显发展；雁荡山、天台山、富春江、桃花源、武夷山、钟山等经济建设与社会活动还促进了武汉东湖、云南丽江、湖北隆中、山西晋祠、贵州黄果树等风景名胜区的发展。

6. 隋唐宋——风景名胜区的全面发展阶段

数量与类型增多分布范围大大扩展，中国风景体系形成。风景名胜区的内容进一步充实完善，质量水平提高；发展动因多样，并强劲持久。因宗教及其设施建设；因游览游历和山水文化；因开发建设和生态因素；因陵墓建设等。

7. 元明清——风景名胜区进一步发展阶段

全国性风景名胜区已超过 100 个，并且大都进入盛期，各地方性风景名胜区和省、府、县风景名胜体系也都形成，各级各类志书也形成体系。

（二）现代风景名胜区

1.20 世纪 50 年代以后——风景名胜区的复兴阶段

20 世纪 50 年代以后，从公共卫生和劳动保护出发，在山海湖滨和有温泉分布的风景胜地，发展了一大批各种类型的休养疗养设施；为外事接待需求，在著名的开放城市和风景胜地发展了一大批旅行游览接待服务设施；8 0 年代以来，改革开放的中国社会经济快速进步，中外学术思想新一轮交流，更促使着风景名胜区急速发展，从此开启了我国风景名胜区规划建设的高速发展阶段。

2. 我国现代风景区规划概况

20 世纪 50 年代后期，我国就对个别风景区如桂林、庐山风景区进行了总体规划。特别是改革开放以后，在 1978 年开始进行全国性风景名胜区规划工作。1982 年 11 月国务院公布了我国第一批批准设立的国家重点风景名胜区 44 处；1988 年 8 月国务院审定同意了第二批国家级重点风景名胜区 40 处；1994 年 1 月国务院审定同意了第三批国家级重点风景名胜区 35 处；2002 年，我国总共建立国家级重点风景名胜区 151 个，共有689处风景名胜区。截至2000年底，我国有泰山、黄山等12处国家级风景名胜区被列为世界遗产。2007年8月，国家旅游局在其官方网站发布通知公告，黄果树、龙宫风景区与北京故宫、丽江玉龙雪山等全国66个景区一起，正式荣升为国家首批5A级景区。截至2013年1月，全国共有国家级风景名胜区225处；截至2014年1 2月，国家5A级旅游景区共有186家。

国家级风景名胜区和5A景区的区别：

依据《风景名胜区条例》的表述，风景名胜区是指具有观赏、文化或者科学价值，自然景观、人文景观比较集中，环境优美，可供人们游览或者进行科学、文化活动的区域；而国家5A级旅游景区则代表了世界级旅游品质和中国旅游精品景区的标杆，较4A级旅游景区更加注重人性化和细节化，更能反映出游客对旅游景区的普遍心理需求，突出以游客为中心，强调以人为本。

国家级风景名胜区着重于景区观赏、文化或者科学的价值，而5A级旅游景区对旅游交通、游览区域、旅游安全、接待能力等要求更高。它意味着接待能力高，配套设施设备完善，能确保大规模的团队进入，因此旅行社设计的旅游产品主要以5A级及4A级景区为主。但对于游客来说，无论是国家级风景名胜区，还是国家5A级景区，最在乎的还是景区内的景色，以及票价与获得服务之间的性价比。目前，国内不少风景名胜区存在景区管理、规划滞后、开发无序等方面的不协调，希望国家级的风景名胜区能起到带头示范的作用，做出相应的举措，促进风景名胜区可持续发展。

国家对“国家级风景名胜区”及“国家5A级景区”的评选标准是不同的。相较而言5A级景区在自身旅游资源的包装及宣传推广上，投入的力度往往更大，曝光率更高。景区通过文字介绍、图片展示、策划活动等手段吸引游客的眼球，因此游客会较为关注5A、4A级景区。旅行社方面也会更倾向于向客人推荐这类接待能力高、配套设施设备完善的5A、4A级景区。

3. 外国国家公园与自然保护区发展概况

在100多年前，一些国家就提出用划定范围建立国家公园的方法保护自然。美国在1872年建立起世界上第一个国家公园——黄石国家公园，开创了世界国家公园的历史。在欧洲、亚洲、美洲、非洲乃至大洋洲各国，先后建立起以自然保护为宗旨的国家公园和自然保护区。

10多年来，世界上已有99个国家建立了国家公园950多个，有72个国家建立了自然保护区。两者用地的总和，占世界总用地面积的2.3%。如国家公园、国家史迹公园、国家军事公园、国家纪念公园、国家战迹地、国家战迹地公园、国家战迹地遗址、国家史迹地遗址、国家纪念物、国家海洋地域、国家湖滨地域、国家河川风景地域、国家休养地域、国家风景保护地、国家风景延伸地。各国相继成立的国家公园有，如美国的黄石国家公园、大峡谷国家公园、喷火四湖国家公园、沼泽地国家公园、热泉国家公园、夏威夷火山国家公园、冰川国家公园、加拿大的约霍国家公园、冰川国家公园、甲斯帕国家公园、班夫国家公园、库托奈国家公园、芮威尔斯托库山国家公园、渥秦顿河国家公园、澳大利亚的南邦国家公园、日本的山阴海岸国立公园、南阿尔卑斯山国立公园、自由国立公园、陆中海岸国立公园、大雪山国立公园等。

第三节　农业公园与农业景观工程规划

一、农业公园的特征与评价标准

（一）农业公园的提出与兴起

1. 概念

国家农业公园，其实质是集新农村建设、农业旅游、农产消费为一体的现代新农业旅游区，大多以县域为主体进行规划和打造。农业公园是一种新型的农业景观的园区形式和旅游形态，它是农、林、畜牧、水产、农业经济、生态、民俗、旅游、建筑、美学以及风景园林等多学科的综合体现。它既不同于一般概念的城市公园，又区别于一般的农家乐、乡村游览点和农村民俗观赏园，它集农业生产场所、农民生活场面、乡村优质景观及休闲旅游于一体，使我国的乡村休闲和农业观光在形式、内容、建设及其管理上的提升和升级，是一种农业旅游的高端形态，它以原住民生活区域为核心，涵盖园林化的乡村景观、生态化的郊野田园、景观化的农耕文化、产业化的组织形式、现代化的农业生产，是一个更能体现和谐发展模式、浪漫主义色彩、简约生活理念、返璞归真追求的现代农业园林景观与休闲、度假、游憩、学习规模化的乡村旅游、观光休闲的综合体。

国家农业公园是文旅结合、农旅结合的创新发展模式，是我国建设“生产发展、生活宽裕、乡风文明、村容整洁、管理民主”的社会主义新农村，建设美丽乡村基础上的发展和提升，更加注重以人为本、自然和谐和生态文明的持续性建设。在美丽新村建设中，将现代农业、农旅产业的融合，通过对山水、田园、乡村的综合治理与规划，为市民提供休闲度假、观光旅游、体验创意、科普教育、康体养生、记忆乡愁的生态空间和休闲场所，同时传承演绎农耕文化，展示多彩的农业产业形态，建设形成区域环境改善、经济活力发展、农民安居乐业的农业景观露天博物馆。

2. 农业公园形成基础

伴随全球农业产业化的发展，人们发现，现代农业不仅具有生产性功能，还具有改善生态环境质量，为人们提供观光、休闲、度假的生活性功能。随着人们收入的增加，闲暇时间的增多，生活节奏的加快以及竞争的日益激烈，人们渴望多样化的旅游，尤其希望能在典型的农村环境中放松自己。于是，农业与旅游业边缘交叉的新型产业——观光农业便应运而生，它是一种以农业和农村为载体的新型生态旅游业。从 100 多年前开始，德国、意大利、英国、日本、加拿大、美国都逐渐依靠农业产业相继发展了观光农业。在我国，最早进行农业观光开发项目是台湾地区的苗栗县太湖草莓园。在 1978 年，实现了农业与旅游业的产业结合。目前台湾观光农业遍布岛内各地，观光内容多种多样，有果园、花园、菜园、牧场等，并且修建了很多乡村休闲场所。观光农业的类型有休闲胜地、农舍乡村旅店、观光农园、野生动植物观赏研究、品尝野味休闲旅游、综合性休闲农场等形式。在我国大陆地区，20 世纪 80 年代后期，在北京昌平十三陵旅游区出现了观光桃园。这之后的许多发达地区，如北京、广东、上海、苏南、山东等地的观光农业也纷纷兴起，都产生了较好的经济效益和社会效益，促进了当地经济的发展。

观光农业也称旅游农业或休闲农业，是指以农业（广义）自然资源为基础，以农业文化和农村生活文化为核心，以农业和农村传统或现代的景观构成要素为对象，按照旅游业的发展规律，保证基本生产和功能以及有利于生态环境优化的基础上，通过规划、设计、开发与建设，吸引游客前来观赏、品尝、购买、娱乐、习作、劳动、学习、体验、休闲、度假和居住等的一种新型农业与旅游业相结合的一种生产经营形态。它的形式和类型主要包括：

①观光农园。在城市近郊或风景区附近开辟特色果园、菜园、茶园、花圃等，让游客入内摘果、拔菜、赏花、采茶，享受田园乐趣。这是国外观光农业最普遍的一种形式。

②农业公园。即按照公园的经营思路，把农业生产场所、农产品消费场所和休闲旅游场所结合为一体。

③教育农园。这是兼顾农业生产与科普教育功能的农业经营形态。代表性的有法国的教育农场、日本的学童农园、台湾的自然生态教室等。

④森林公园。

⑤民俗观光村。到民俗村体验农村生活，感受农村气息。

观光农业的兴起，不仅为游客提供了新的旅游空间，吸引了许多城市居民来到农村旅游观光、劳动甚至定居，而且还通过观光农业提供的参与性、知识性的农事和科普活动扩大游客的知识视野，获得身心的放松，既提高了旅游品位，也缓解了城市旅游拥挤状况。农业公园，即是按照公园的经营思路，把农业生产场所、农产品消费场所和休闲旅游场所结合为一体的一种现代观光农业经营方式。它是文旅结合、农旅结合的理想模式，可带动我国农村经济发展，提高我国农业竞争力，是国家大力支持的观光农业和休闲农业发展新模式。也是我国的乡村休闲和农业观光的升级版，是一种农业旅游的高端形态，是现代农业园林景观与休闲、度假、游憩、学习呈规模化的乡村旅游综合体。

（二）农业公园的特征与功能

国家农业公园是近几年出现的新生事物，被认为是农休游结合的理想模式。农业公园是集农业生产、农业生活、农民就业、城郊发展及乡村休闲旅游于一体的综合产业大园区。其实质是集新农村建设、农业旅游、农产消费为一体的现代新农业旅游综合区，它能更好地解决“三农问题”与城乡一体化的新的实践行为和实体形式。它不同于普通的农家乐和乡村游览，而是一种具有田野风光背景中建设的既有农业生产，又有乡村生活，兼具乡村与农耕文化体验、真实回归自然的农休游综合体。大多以县域为主体进行打造。

1. 主要特征

（1）农业公园是农学、林学、牧学、水产学、农业经济学、生态学、民俗学、旅游学以及风景园林学等多学科的综合体现，它按照公园的经营思路，把农业生产场所、乡村生活场所和休闲旅游场所结合于一体。

（2）一种新型的综合体业态，以原住民生活区域为核心，涵盖园林化的乡村景观，生态化的郊野田园，景观化的农耕文化产业化的组织形式，现代化的农业生产，是一个更能体现和谐发展模式、浪漫主义色彩、简约生活概念、返璞归真追求的农业园林景观与休闲、度假、游憩的规模化乡村旅游综合体。

（3）在规划建设面积上一般规模较大，基本属于国有性质，都在数千亩甚至数万亩，如兰陵国家农业公园总面积 62 万亩。

（4）有明确功能分区，一般包括建立种植区、养殖区、水果区、花卉区、服务区、度假生活区、乡村文化或农耕文化区、休闲游玩区、商贸区等多个功能区。

（5）在资源利用方式上系综合利用，其背景系优美的自然环境，利用公园乡村土地、水资源、村落、路网、山林、植被、食材、鱼牧及乡村与农耕文化，也有人文及景观的创意化建设，项目设置安排既不浪费，也不拥挤，自然舒适，似浑然天成。

（6）农业公园的兴起与发展，与当前社会发展需求相适应，是解决“三农”发展需求，建立城乡一体的一种理想模式，既不破坏或影响原有的农业生产、农民生活及农村体系，又可引进城乡建设的精华及优质。

（7）农业公园的规划设计具有很强的综合性。它不同于一般的城市公园或国家森林公园，也不是专题性或主题性公园，而是一个多学科层次的综合体，其规划设计涉及多个专业领域，规划设计具有复合性，既有古朴元素，又有现代元素；既有文化元素，又有物质形体表现；既有自然要素，又有人文要素；既有静谧的生活环境，又有动态的体验场景。

2. 农业公园的功能与效益

农业公园的规划与建设，适应我国当前社会发展的需求，一是农业公园给大面积的农业生产带来了理想的生产方式，核心主导产业及基础；二是农业生产及农产品加工，大规模的生产，为城镇居民提供绿色的食品及休闲餐饮，既保住了生态环境不被破坏，又使农产品价值得到了提升，也满足了城镇居民粮食蔬菜安全供求的需要；三是可以解决城镇居民休闲的需求，为城镇居民提供休闲游玩及短期假日生活居住的好去处；四是解决社会发展的需求，解决一定范围内的居民就业问题，为乡村城镇居民提供了新的就业途径；五是为城镇孩子提供了接触农业生产，热爱自然的理想的天然课堂，满足下一代对农业文化知识传承与教育的需求。

国家农业公园是理想的田园生活与工作场所，直接拓宽了农业功能，拓展了农业生产链条，增加了农产品的综合价值。不仅体现了粮食功能价值，还提供了观赏享受的休游价值，还间接地产生了吸引功能并获得了乡村休闲旅游的附加值，综合效益较好。

3. 农业公园与农业旅游、乡村旅游的区别

农业公园与农业旅游、乡村旅游相比，有两个显著的差异：一是主体不同，原来乡村旅游依靠农民，现在依靠企业；二是以消费带动的农业增长方式，根据城里人的消费需求来定制农业生产，将乡村的菜地、花圃、苗圃、大棚设施、水景，均按照旅游的需求和特色来打造，而不仅仅是按照生产要素来组织。因此，国家农业公园是在农业景观资源基础厚实、乡村风味特色突出的田野风光背景下，既是农业生产和科技推广相结合、优势乡村生活和城乡统筹相结合，又是民俗文化和农耕文化体验相结合，更是农民增收致富和区域经济社会协调发展相结合的真实、回归自然的一种新型的综合体业态。

三、农业公园建设条件与要求

国家农业公园的建设对象，是全国范围内的村庄、社区、乡镇，与新农村建设、农业产业化相结合的乡村旅游景区。

①与乡村、农业文化相关的风景、风物、风俗、风情具有吸引广大旅游休闲者的资源禀赋与基本质素。

②产业结构中必须有农业产业（包括农林牧渔）作为重要方面。

③有对乡村实施绿色文明和可持续发展的基本要求与考量。

④以村域范围为主体来规划布局和开发建设。

⑤尽力保留原农户、农民的人居原生态，农民生活情景应活化与融化在农业公园游览体系当中。

⑥有相对完善的管理机构。

四、农业公园的评价标准

2008 年，农业部制定了我国农业公园的相关标准和《中国农业公园创建指标体系》。该体系包括乡村风景美丽、农耕文化浓郁、民俗风情独特、历史遗产传承、产业结构发展、生态环境优化、村域经济主体、村民生活展现、服务设施配置、品牌形象塑造、规划设计协调十一大评价指数，共计 100 分。目前来看，国家农业公园在我国刚刚起步，还有很多未知空间需要我们去探索。目前，农业公园作为一种全新的形态，正受到各地政府的关注和重视，成为引领中国第四代现代农业园区建设的全新形态，目前在河南中牟、山东兰陵等地已经开始了初步探索和实践。

①乡村风景美丽。有吸引力较强的田园美景、地貌美景、水系美景和社区美景。

②农耕文化浓郁。有展示传统农耕文化和现代农耕文化的场所。

③民俗风情独特。有特色的饮食文化、特色的生产习俗、特色的生活习惯、特色的节令节庆、特色的民间工艺、特色的村规民约、特色的建筑人居。外界口碑评价良好。

④历史遗产有效传承。乡村遗产保护传承机制健全，保护传承措施完善，保护传承效果良好，有相应的乡村遗产保护传承荣誉。

⑤产业结构发展合理。耕地与农林用地保护状况良好，农业产业（农林牧渔）及内部产业结构协调发展。

⑥生态环境优化。社区生态环境、产业区生态环境、旅游服务提供区生态环境良好。

⑦区内经济主体实力较强。经济组织形式先进、经济产业结构合理、经济管理模式健全、经济发展总量在同级区域中居于领先地位。

⑧区内居民生活幸福指数较高。居民人均住房面积、居民就业率、居民人均收入、居民子女入学率在同级区域中居于领先水平。

⑨服务设施配置完善。区内有较为完善的道桥游线设施、下榻接待设施、餐饮服务设施、娱乐休闲设施、购物消费设施、管理与导游设施、出行运载设施、通讯视讯设施和医疗救护设施等。

⑩品牌形象塑造良好。有鲜明、有特色的休闲农业与乡村旅游品牌形象，品牌传播力广、美誉度强。规划设计协调。现有规划设计符合国家农业公园各项标准要求。

二、农业景观资源的利用与规划

农业景观资源是观光和休闲农业中的基本要素，也是农业公园打造和建设中的重要构成单元和评价指标。农业景观资源的挖掘及其合理利用，直接影响农业公园的规划建设与设计质量，也影响农业公园的评定，以及农业产业的社会效益和经济效益。

景观与农业是两个不同性质的综合体，但又具有一定的相关性和内在联系。从景观生态学的角度，景观是由土地及土地上的空间和物质所构成；农业为通过培育动植物生产食品及工业原料的产业，人为的农业活动形成一种景观，而优美的景观又可以带动农业产业发展，它们相互促进，互为补充条件。农业的劳动对象是有生命的动植物，是通过动植物的生长发育规律，进行人工培育来获得产品，在现代化农业时代，有学者认为，其中农业中可用于观赏，具有美学价值的部分即为景观农业。它可以包括草地、林地、耕地、树篱以及道路等多种景观板块元素。它是按照景观生态学原理有目的规划而成的具有自我调节能力和物质平衡的一种新型农业，相对于传统农业以及单一性质农业具有更加复合的多功能性质。同时，在自然生境和人居环境共生的整个地球生物圈中，农业生产系统是人居环境中生态绿地系统的一部分，属于农业生态系统与自然生态系统的结合体，因此，从现代农业所具有的景观欣赏角度，我们可以按照其构成功能单元体的差异性，简单地将农业景观分为产业型景观和生活型景观两大类。

农业景观资源是指乡村聚落、乡村周边自然环境以及农业活动（耕作、畜牧等）等历史、人文因素构建的土地景观形态。我国农村地区拥有丰富的农业景观资源，这些景观资源是宝贵和不可再生的自然、人文资源和重要的旅游资源，也是发展农业旅游的基础条件和载体。合理保护、开发和利用农业景观资源，对城乡统筹发展、新农村建设以及农村旅游产业的科学可持续发展具有重要意义。

农业景观资源是人类生产、生活后改造的自然、文化综合景观，其最初形成是以生产和生活为目的。在漫长的农耕历史文化发展进程中，田园、牧场、渔场等农业景观融合并顺应其自然环境逐步发展，与周围自然环境融合在一起，表现出人与自然和谐共处的形态，体现了生产、生态与审美的合一，具有重要的地域文化和历史价值，甚至还代表了一个国家或一个地区的国土景观，形成一种大地艺术。我国自古就有保护自然的优良传统，并在长期的农业实践中积累了朴素而丰富的经验，数千年的农耕文化历史，加上不同地区自然与人文的巨大差异，形成了种类繁多、特色明显的农业景观资源，如都江堰水利工程、坎儿井、砂石田、间作套种、淤地坝、桑基鱼塘、梯田耕作、农林复合、稻田养鱼等。

农业景观实际上是由农业生产类型衍生出来的一种可用于观赏和具有美学价值的城市补充景观。农业生产类型一般分为传统农业、现代农业。现代农业又有设施农业、生态农业、立体农业、有机农业等，设施农业还可以有节水农业、温室农业等，随着农业现代化的不断发展，它们都逐渐从景观学的角度越来越具备一种观赏价值。俞孔坚教授说："将农业景观视为一种风景资源，纳入城市范围内的风景名胜区发展体系中，既保护了农业资源，又充分挖掘了农业景观的旅游价值，增强了景区的艺术感染力。"

农业生产型景观主要来源于农村生活和生产劳动，农业生产与工业生产一样，也是一种有生命、有文化、可持续发展和长期继承的生产，随着农业现代化和时代的发展，这一部分生产劳动，慢慢摆脱传统农业的单一功能而表现出其明显的景观价值，逐渐受到了景观设计者重视并开始将其融入和应用到城市景观建设之中。越来越多的乡村开始重视对农业景观的开发并打造相应的农业景观，休闲观光的农业公园和农村旅游事业也如火如荼的兴旺发展。

近年来，乡村旅游活动异军突起，成为我国旅游业不可小视的新的增长点。新的时期，将乡村旅游与农业现代化、新型工业化、信息化和城镇化等相结合，推进农业与旅游休闲、教育文化、健康养生等深度融合，发展农业公园、观光农业、体验农业、创意农业等新业态，既能拓展旅游发展空间，又将实现经济效益和社会效益。乡村旅游等旅游产业的飞速发展，其就业效应、带动效应以及可持续效应为农业景观设计的发展创造最完整的条件。但是，仍然存在众多不利的因素，农业景观规划未成系统，产业发展不成规模，效益低下，联动效应差，景观质量不佳等现象。在农村建设开发的过程中常忽略景观的营造而重点关注产业地发展，也就导致众多土地资源用于农产品的种植，土地利用率低下，跟现代化农业接轨性差，不适用于对环境质量要求日益严格的今天。

（一）农业景观资源

1. 农业生产型景观

这类农业用地特征主要包括农田、农作物种植、果菜茶桑、畜牧草地、牲畜放牧、鱼塘养殖、花草苗圃、山林湿地等类型的多组合生产型景观资源。多为农业生产中表现出来的自然多样的地形地貌、农作物形态和色彩以及农林牧副渔的生产劳动行为组合的一种景观元素。

（1）田野、梯田。田，为传统农业耕种用的土地，有宽阔的平原田野和山区的梯田地貌表现。为主要农作物最基本传统的土地承载资源。平原田地主要成片种植主要粮油作物，如水稻、小麦、油菜花等，景观表现壮观而震撼。

梯田，为丘陵山区山丘两侧的可耕坡地，大都为经过平整修建成阶梯状农田，宜水宜旱，排水较易。梯田是在坡地上分段沿等高线建造的阶梯式农田，是治理坡耕地水土流失的有效措施，蓄水、保土、增产作用十分显著。梯田的通风透光条件较好，有利于作物生长和营养物质的积累。按田面坡度不同而有水平梯田、坡式梯田、复式梯田等。

梯田景观如链似带，层层叠叠，高低错落，具有极佳的视觉景观效果，大规模的农作物生产带来可观的经济效益，因此，梯田是发展农业产业的物质基础之一，具有独特的利用价值和美学价值。

（2）粮油作物。所谓民以食为天，粮食是我们人类赖以生存的必需品，是关系国计民生的特殊商品，也是农业生产的主要产品。粮食作物的种子、果实以及块根、块茎及其加工产品统称为粮食，包括稻谷、小麦、大麦、玉米等，粮油是对谷类、豆类等粮食和油料及其加工成品和半成品的统称，即是人类主要食物的统称，以其作为基本的粮食产业，也是农业生产的基础支撑产业。粮油作物带来的经济效益是不可估量的，比如，四川雷波马铃薯淀粉含量高，薯块大，形状规整，表皮光洁，口感好。近年来，雷波把马铃薯产业作为二半山和高山地区农村经济发展的重要支柱产业，农民脱贫致富的重要项目来大力推进发展。2009 年种植面积 11 万亩，产量 12.65 万吨，产值 3100 万元。可见，粮油作物带来巨大经济效益的同时，它的集中连片打造也能带来良好的景观效果。

油菜花，原产地在欧洲与中亚一带，植物学上属于一年生草本植物，十字花科。我国集中在江西婺源篁岭和江岭万亩梯田油菜花、云南罗平平原油菜花、青海门源高原油菜花等。油菜花是中国第一大食用植物油原料。油菜除用作榨取食用油和饲料之外，在食品工业中还可制作人造奶油、人造蛋白。还在冶金、机械、橡胶、化工、油漆、纺织、制皂、造纸、皮革和医药等方面都有广泛的用途。油菜花具有重要的经济价值，又有观赏价值，是一种极好的农业景观观光资源，因此，油菜花产业具有良好的市场发展空间，容易带来更好的经济效益。

（3）果菜茶桑园。我国农村主要的果类农作物有梨、青梅、苹果、桃、杏、核桃、李、樱桃、葡萄、草莓、沙果、红枣等品种，大多在坡地或园地种植；蔬菜类主要有萝卜、白菜、芹菜、韭菜、蒜、葱、胡萝卜、菜瓜、莲花菜、莴笋、辣椒、黄瓜、西红柿等。果蔬具有潜在而丰富的农业景观价值。

茶树多生长在山区，山多林密，云遮雾绕，泉水叮咚，这样的地方往往有利于茶树生长。常常构成晨雾山区的特色景观。

近些年，新农村建设中的产业发展规划，根据地方的地理特征，开展了各类果蔬等农业产业园的规划建设。主要集中在核桃、葡萄、猕猴桃、柑橘、桃、李、梨、草莓、柚子、枇杷等的规模种植，既有很好的经济效益，同时其成片的农业景观效果，也受到了城市居民游览观光者的青睐。

（4）植物花卉。中国是世界上花卉栽培面积最大的国家，有广阔的消费市场，但花卉行业却没有自己的品牌。中国花卉业要以品牌化求生存。近 10 多年来，世界花卉业以每年平均 25%的速度增长，花卉市场发展前景广阔。

①玫瑰园。玫瑰为蔷薇科蔷薇属落叶丛生灌木，原产地是中国，在我国华北、东北、西北、华东、华南均有分布，我国玫瑰花栽培技术已有 1300 多年的历史。玫瑰作为世界名花，具有较高的观赏价值，更重要的是具有广泛的医药、工业、食品、日用化工等领域的实用价值，它既能供人观赏，又是珍贵的中药材，也是化工产品的香料来源和食品工业的重要添加原料，同时还是绿化、美化及水土保持的重要花灌木。

目前，全球主要玫瑰种植地有保加利亚、法国、土耳其、摩洛哥、俄罗斯等地，其中保加利亚种植面积 7 万亩。全球玫瑰系列制品的产值已超过了 100 亿美元，产品供不应求。据业内人士估算，目前中国玫瑰制品年均需求增长高达 12% ~ 14%，产能增长约为 8%，市场需求缺口超过 60%。在中国内地，玫瑰种植区主要集中在山东平阴和甘肃苦水等地，种植面积分别为 3.5 万亩、2.5 万亩。由于玫瑰产业地缘限制和销售渠道有限，中国玫瑰行业企业大多集中在玫瑰种植区域附近，且大多分布在低端市场，如玫瑰干花、鲜花及花蕾市场等，产品附加值不大。目前中国药用、食用、酒用、化工及出口玫瑰花年需求 30 万 t 以上，而全国总产量不足 10 万 t，供求矛盾比较突出。因此，从市场需求来预测，十年内中国玫瑰产量将供不应求，中国国内玫瑰产业前景越来越广阔，经济效益将会更加显著。

②郁金香园。郁金香，大型而艳丽，花片红色或杂有白色和黄色，有时为白色或黄色，花期在 4—5 月。原产中国古代西域及西藏新疆一带，后经丝绸之路传至中亚，又经中亚流入欧洲及世界各地。目前世界各地均有种植，郁金香是荷兰、新西兰、伊朗、土耳其、土库曼斯坦等国的国花，被称为世界花后，成为代表时尚和国际化的一个符号。

郁金香是世界著名的球根花卉，还是优良的切花品种，花卉刚劲挺拔，叶色素雅秀丽，荷花似的花朵端庄动人，惹人喜爱。具有极佳的药用价值和观赏价值，市场产业前景广阔。

③芍药园。芍药，属多年生草本花卉，花期在 5—6 月，园艺品种花色丰富，有白、粉、红、紫、黄、绿、黑和复色等。芍药被人们誉为“花仙”和“花相”，且被列为“六大名花”之一，又被称为“五月花神”，因自古就作为爱情之花，现已被尊为七夕节的代表花卉。另外，芍药也是一种诗赋中时常出现的重要花种，代表最美丽的意境和梦境之一。芍药发芽是最壮观的场面之一，因为它体现了生命的萌发与活力，因此它也具有较高的景观欣赏价值。

④荷（塘）。莲藕，简称莲，是一种用途十分广泛的水生经济作物。我国莲藕种植历史 3000 多年，它不仅可供食用，药用，还是中国十大名花之一，深受广大人民群众所喜爱。莲藕全身是宝，它的根、茎、叶、花、果都有经济价值。除了藕和莲子供食用外，花粉、荷叶、莲芯等，也都可以作菜肴或饮料及保健食品。莲藕还是中医常用的药物，藕节、莲根、莲芯、花瓣、雄蕊、荷叶等都可入药。

荷花，因其花、叶艳丽多姿、高雅清香，在中国园林中常作为水景布置的重要植物材料。莲藕在我国分布十分广阔，资源丰富，栽培主产区在长江流域和黄淮流域，以山东、江苏、安徽等省的种植面积最大，目前估计全国栽培面积在 50 万 ~ 70 万 h㎡。随着人们生活水平的不断提高，目前对绿色农产品、有机农产品需求量也大大提高，莲藕的食用价值和保健价值，已经被人们广泛接受，莲藕产品的供应仍处于供不应求的状况，因此，莲藕产业具有广阔的市场发展空间。

⑤苗圃。苗圃是培育苗木的地方。根据苗圃基地内苗木的种类，以及苗木生产的

用途，可分为森林苗圃、园林苗圃、果木苗圃、苗木苗圃、盆栽苗圃等。苗圃基地主要为城市绿化、园林绿化、庭院绿化等提供各种苗木、盆景和树木。

（5）畜牧与家禽饲养。畜牧业是指用放牧、圈养或者二者结合的方式，饲养畜禽以取得动物产品或役畜的农业产业。它包括牲畜饲牧、家禽饲养、经济兽类驯养等。

畜牧，是通过人工饲养、繁殖，用牧草和饲料等植物喂养被人类驯化的牛羊家禽等动物，以取得肉、蛋、奶、毛、绒、皮、蚕丝和药材等畜产品。区别于一般家畜饲养，畜牧业的主要特点是集中化、规模化，并以营利为生产目的，是人类与自然界进行物质交换的极重要环节。畜牧业是农业的组成部分之一，与种植业并列为农业生产的两大支柱。畜牧业在国民经济中有着重要的地位和作用，也是现代农业开展生产体验和观光农场的一种重要的农业景观资源。

（6）水库、池塘。水库，一般指拦洪蓄水和调节水流的水利工程建筑物，可以利用来灌溉、发电、防洪和养鱼。它是指在山沟或河流的狭口处建造拦河坝形成的人工湖泊。水库可起防洪、蓄水灌溉、供水、发电、养鱼等作用。天然湖泊也称天然水库。视其规模可分为小型、中型、大型水库。池塘，是天然或人工形成的一种水池，一般很小也较浅，阳光能够直达塘底。通常情况下，池塘没有地面入水口。它们主要依靠天然地下水源和雨水或以人工的方式引水进池。池塘这个封闭的生态系统跟湖泊有所不同，池水很多时候都为绿色，里面藻类物种丰富，因此多用于鱼种放养。在我国，一些常食用鱼类主要采取池塘养殖，具有投资小、不受面积大小的限制、见效快、收益大、生产稳定等特点，适合于我国大部分地区淡水水域养殖。现在大都被利用作为观光休闲垂钓的好去处。

（7）滩涂地。滩涂地是中国重要的后备土地资源，具有面积大、分布集中、区位条件好、农牧渔业综合开发潜力大的特点。滩涂是一个处于水位动态变化中的过渡地带。除了江河湖海的滩地，在山区、平原常指河流或者溪流两旁在河流丰水季节可以被淹没的土地，底质为砂砾、淤泥或软泥。农业用地中指水库、坑塘的正常蓄水位与最大洪水位间的滩地。

滩涂地一般地势较低，一遇汛期发大水，地块就会被淹没，因此规划设计常考虑用地的特性，结合其土壤的性质，进行湿地景观打造。我们通过一定的整治和利用，可以作为很好的农业景观发展使用，并且具有较好的发展前景。

（8）农用空地及荒地。目前，我国存在大面积的丘陵空地和荒地，大多数利用率较低或荒芜，耕种农作物其收益低下。因此，我们可以合理地开发利用这些闲散的土地。从某种地貌意义上讲，一些农田空地及荒地是观赏相邻景观的最佳位置，对农业景观的观赏具有重要的作用，且其改造空间大，可以种植各类经济作物和观赏性作物等，是珍贵的产业景观发展资源，也是发展其他产业及景观的基础，对农业景观的规划形成具有不可忽视的重要作用。规划设计应充分将其资源最大化开发利用。

（9）山林地。林地，是指成片的天然林、次生林和人工林覆盖的土地，包括用材林、经济林、薪炭林和防护林等各种林木的成林、幼林和苗圃等所占用的土地。按土地利用类型划分，林地是指生长乔木、竹类、灌木的土地。可分出林地、灌木林、疏林地、未成林造林地，迹地和苗圃6个二级地类。

根据人们的生活习惯，人工维持的山林美更能吸引人流。舒适清洁的环境适宜游览休息，并能使人们拥有良好的生理和心理感受，林木郁闭度适宜、林地抚育和持续建设形式新颖、风景透视线好，而且保存较好的树群、疏林草地或孤植树、草地和山林等都是景观打造不可多得的优良基本单元。特别是靠近城郊的丘陵山林，加以保护利用，更是不可多得的农业景观资源。

2. 农业生活型景观

（1）农房民院。农村居民长期从事以农业为主的生产活动，形成了独特的生活方式。不同的国家，不同的农业发展水平，各地农村社区依生产力水平的不同，其生活方式也有所不同。我们属于发展中国家，但是我国社会主义建设快速地发展，近几十年，新的生产方式的出现，加速了农村社会、经济、精神生活方面的变革，传统劳动方式和生活方式逐渐发生改变；消费结构由生存型向享受、发展型转变。农业生产越来越呈现出工业化、商品化趋势，农民的商品性消费所占比重越来越大，消费服务趋于社会化，消费活动已从家庭走向更广阔的社会领域；闲暇生活由单调贫乏向丰富多彩、高层次、个性化转变，农民生活水平不断提高，生活情趣日益广泛，生活内容日益丰富。

农村是一个广阔的天地，由于地域辽阔，很多地方依然保持着传统的生活方式和居住方式。

农房民院，作为农村居民生活活动的基础，为游人提供休息、交流的空间场所的同时，具有乡土特色与文化内涵的农房建筑是当地历史的缩影，具有重要的文化展现功能。同时本身形象较好的民居建筑也是农村景观中的一大亮点。

在广大的农村，中国传统的农耕文化，已然显现。传统格局的农家院落就是其农业生活型的景观代表之一。依山而建，背山面水，传统的四合、三合院落散布于山水之间。新的农家院落也拔地而起，但仍旧保留着朴实传统的景观元素和格局。特别是邻近城市周边休闲农业和观光农业的兴起，农家小院更是彰显了它的传统景观魅力，吸引着大量的观光旅游者走近，农家乐的融融氛围，成了中华大地上的一道靓丽的风景线。同时也不断促进了乡村旅游业的迅猛发展。

（2）道路（村路、田埂）。农田、道路两侧或与其他景观交接的边缘地带，简称“田缘线”。田缘线是游人最直接的观赏部分，既分割土地也是不同景观界面的分隔元素，对农业景观质量有显著影响。田埂的另一项用途是种植作物，一般是种在埂的两侧缘上，适合埂上种的作物有蚕豆等植株相对矮小、直立生长的一、二年生草本作物。田埂一般常在沟渠旁，十分有利于各种野菜的生长、种子传播。再者，道路不但承载着沿线景观表现功能，也是地区交通区位优势的保证，而交通运输的便捷程度对于产业的发展具有十分重要的作用。

（二）农业景观资源的利用与规划

1. 水库、池塘景观

作为水景观的水资源，人们有其与生俱来的亲近感，因此水景观是农业景观营造中最具吸引力的景观。结合水库拥有的天然水资源，可以通过水的特性将其资源利用最大化，打造各类倚水景观，临水景观、亲水景观等，充分发挥水资源的潜在价值和多重功用。水灵动富有生机感，最能调动人内心的情感，引起共鸣，利用人的心理、生理特征结合打造观赏性水景，同时可以结合临水栈道、亲水平台、山水观景平台、游船码头等设施为游人提供一个亲水的场地，设计营造宜人的亲水环境，“虽由人作，宛似天开”的植物种植搭配大面积水域营造安静的氛围，为人们觅得远离现代喧嚣快节奏生活的场地，具有极大的吸引力和发展前景。对于池塘的利用，更具灵活性和普遍性，完全可以依托新村养殖产业的规划，利用农家休闲环境，打造垂钓休闲的农家乐。

现代农业产业化发展讲究集约化程度的提高，通过调整产业结构，发展优势特色产业，提高资源利用率，形成附加产业，产生联动效应，与周围产业形成良好互动。可以根据水库池塘周围合适地点选址，联合打造。可利用水库水资源作为水景观水源，结合进行综合性农业公园的建设。水库资源可以产生湿地、滩地、水道等附加景观资源，它们的景观化既可以提高观赏性、发挥观光功能，展现滨水空间景观。整体景观设计可结合利用特殊的地形地貌——坡地、溪谷等宜人的景致——晨曦、日落等自然景象、特殊的动植物和当地文化特色综合整合设计，让文化渗透在游人的行走路线，感受不一样的别致，从而提高游客的参与性，景观资源化，资源景观化，二者之间真正做到了良好互动。与文化的结合打破了单纯考虑自然美的独特性，同时具有较好的社会意义，有利于当地品牌形象的塑造。

渔业是国民经济增长的重要支柱产业之一，是大农业的重要组成部分，发展水库池塘渔业具有十分重要的意义。因此，对于水库和池塘的规划设计应结合渔业发展垂钓，既可提高效益，又可提高生产能力，增加观赏性，从而实现景观观赏与产业的连带发展。

如川西北一些村社生态垂钓园的打造，充分利用自然地形，结合场地环境，利用池塘的休闲娱乐方面的用途，打造成供人们闲暇时娱乐的垂钓区。在道路与水体的交接地带利用栈道形成动与静的过渡空间，在满足功能要求的同时，美化周边环境，使游者充分体验垂钓的乐趣。道路两旁打造成群植绿带，色彩丰富，形成多样的空间层次。

春天的农家鱼塘，可环水域设计景观带，观景平台，木栈道增加亲水性；岸边景观可以以桃花、梨花单色为主调，搭配以乔、灌、草的绿色调，并辅以具有乡土气息油菜花的黄色，突出鱼塘的静谧感，钓鱼的同时还可欣赏到优美的景色。

在进行此类景观资源的规划设计时应充分考虑其生态人文因素，因地制宜，寻求本地适合的方案即可。总的来说，应按照目的性的平衡率和客观规律性的协调原则，注意突出和开发自身的自然美，顺应农业自然、生态规律和保持农业环境面貌，在此基础上实现农业美景和经济效益。

2. 植物花果景观

随着观光农业的发展，产业与农业的一体化发展背景下，通过特色树种、花卉的种植形成产业链的方式已有借鉴案例。特别用于植物花卉的种植，这种情况常见于大面积的农田种植。因此，首先在选用植物花卉等景观资源上，应作好种植结构的根本调整，以及植物花卉的利用与景观打造。

①果树产业的植物景观的种植结构可尽量采用美化的季相构图。在考虑植物搭配时首先应从种植结构上作调整，改变传统的大田生产为主的格局，强化果树、蔬菜和花卉中观赏性强的作物以及经济作物如核桃、枇杷等形成的产业景观，产生收成和观赏等多方面经济效益。同时，在具体设计中，应注重农业生产的本质，生产为主，景观为辅的基本原则，在产业经济的带动下，发展观光旅游产业。在开展树木花卉经济产业的景观规划设计时，要注重生态系统的发展演变规律，在保持一定的乡土特色的情况下，可适当选取乡土树种以外的植物种类，增加物种丰富性以丰富景观。注重常绿植物和落叶植物的比例，根据植物的生物、生态习性注意形成不同季节的代表性景观，使四季皆有景可赏、有景可观。考虑种植景观的特色，在安排季相构图的同时，可局部突出一个季节的特色，形成鲜明的植物景观效果，强化整体种植特色。

②打造花草产业的景观效果，应在绿色植被的基调下，利用花卉颜色和形态的差异对比创造优美的景观艺术空间。花卉具有较高的观赏价值，不同类型的花境营造能极大地丰富视觉效果，满足景观多样性的同时也保证了物种多样性，这是花卉景观打造的重要设计途径之一。

③利用人们对不同花卉的心理生理反应可以创造传达各异的效果的景观，同时结合文化背景，形成独具魅力的特色景观主题。成都的“三圣花乡”旅游景区便是一个极好的例子。“三圣花乡”旅游景区位于四川省成都市锦江区，总面积 12k ㎡，包括“花乡农居”“幸福梅林”“江家菜地”“东篱菊园”“荷塘月色”五个主题景点，又称“五朵金花”，是都市人休闲度假、观光旅游、餐饮娱乐、商务会谈等于一体的城市近郊生态休闲度假胜地。“五朵金花”按照“一村一品”、亦耕亦画亦商的精神，独特定位，错位发展，景观建设宜散则散，宜聚则聚。农家乐也出特色，花乡农家乐、竹乡农家乐、水乡农家乐、樵乡农家乐，以“农”字吸引了大量为尝鲜而到农家院吃农家饭的城里人。“五朵金花”还精心挖掘打造符合当地民俗风情的杰作珍品，在文化包装、创新品牌上

也突出设计特色，展示“环境、人文、菊韵、花海、艺术”的交融，“文化”在项目品牌中成了活的要素，散发出迷人的魅力。

④图案式景观。在具有大面积农田空地的基本条件下，可将基地结合花卉规模种植形成产业。规则式图案景观带有西方园林的整齐韵律美，与文化衔接可形成底蕴深厚的图案景观，创造文化形象，景观效果极佳。

3. 滩涂地、湿地景观

滩涂地景观打造可以在原有自然条件基础上，保持自然线形，强调植物造景，运用天然材料，创造自然的生趣，追求亲切宜人的尺度。考虑滩涂地的特殊地质条件，规划设计应采用自然式布局，可以保留其自然水体形态，适当改造打理不良地段并进行整治，将现状的植被统计分类、筛选，同时根据当地地域特点，配合选用其余特色水生植物，联合打造具有本土文化气息的湿地景观，将原有滩涂地景观化，吸引人流，带动区域的人气，衔接区域产业的发展，成为推动当地景观形象的提升与产业发展的良好动力资源。为使景观更具有趣味性，增加人行走的曲折性，即使是小面积的湿地也应当考虑游人近距离观赏游走的可能性，可结合木栈道，于滩涂内部区域打造人行游步道，供游人游憩交流。当今城市的快速发展使得城市中供人们游憩的自然环境越来越难找，因而具有休闲、观光、富有生态气息的乡村环境成为众多人们身心愉悦的优先选择，同时也说明了滩涂地农业景观化的规划思路具有较大发展潜力，可结合区域文化、邻近特色景点的打造带动区域旅游的发展。考虑游人的心理生理特征，于景观节点处设计形式各样的小型广场以及亲水平台等，配以亭子等景观建筑小品，可供游人停留观景。现代景观规划设计虽与传统园林景观营造有所差别，但都是基于对人居环境的整体营造，从宏观到微观尺度上空间环境的通体考虑，体现出综合性以及专业化的发展方向，农业景观可以说是位于二者衔接的领域，或者说是交集领域的一部分内容。因此，滩涂地的整体设计思路和表现手段可考虑结合现代化的景观规划程序，古典园林式的景观艺术营造手法，从水生植物配置、曲折通幽的游线组织，富有趣味的景观设施小品上进行特色规划，打造亮点，应注意结合文化底蕴，展现文化内涵。

4. 农田低效闲置地及荒地景观

一方面可考虑种植适宜生长的经济植物和树木花卉，成片打造植物花卉为主的产业景观，另一方面也可配合附近其他产业形成休闲观光的农业公园景观，联动互利。通过植物花卉的规模性种植，既可以形成产业经济，又可带来观光休闲旅游等经济效益。

可以配合附近农家乐、山林或水库滨水以及特色乡村文化的开发，以市场导向打造文娱活动休闲娱乐场地和观光园。既避免减少可耕作土地，又有效利用闲置的低质土地资源。打造休闲观光园，可以从空间组织的利用以及植被搭配两方面进行。利用空间地形寻找最佳景观视线位置，注意田缘线和田冠线（植被顶面轮廓线）组合和多变。田缘线以自然式为主，避免僵硬的几何或直线条；田冠线高低起伏错落，才能形成良好的景观外貌。成片打造花草园，需保留或栽种适量的遮阴树和凉亭，为游人提供必要的遮阴。重要景观地段，可栽种一些观赏性较高的花灌木，或不同季节观赏的缀花草坪。

5. 农房院落景观

不同地域的建筑风格各异，独具特色，常常是本土文化的缩影，在规划设计时综合考虑现状建筑质量等情况，采取保留改造、拆毁重建等不同措施。将现状危房可考虑拆迁避免影响景观质量，对于重建、新建、改造的农房应结合建筑所处地域的文化特点，于建筑细部巧妙搭配文化符号元素，如窗花图案、墙面装饰等。再者，建筑风格应顺应区域大文化要求，如屋顶形式、门窗样式甚至建筑色彩的选用均应结合本土文化特点。作为农业景观，要充分考虑农房的主要价值，即为游人提供交流休憩、休闲娱乐设施场地的功能。因此，一般农房的景观化打造思路是将其设计为向城市现代人群提供的一种回归自然从而获得身心放松、愉悦精神的场所——农家乐。农家乐本质为一种旅游休闲形式，利用当地的农产品进行加工，满足客人的需要，成本较低，因此消费就不高，适宜大多数群众。农家乐周围拥有美丽的自然或田园风光，空气清新，环境放松，可以舒缓现代人的精神压力，因此受到很多城市人群的喜爱，享有较好的发展潜力，可作为重要景点。

如川西某农家院景观打造，在原农户家院对面，利用原有菜地，将生态环保的木制栅栏作为功能划分媒介，利用普通红砖打造花园平台，四周配上各种各色的小灌木，通过梨树和桃树在色彩和空间点缀，不同植物组合搭配出的空间和半围合空间营造出一个温馨、生机勃勃的农家田园。路面和建筑墙面进行了部分修理维护，在色彩、形态上统一协调，生态环保。

6. 山林地景观

很多南方农村地区具有众多山林资源，在实际新村规划中并没有得到较好利用而造成资源的闲置和浪费。其实，林地具有自然起伏的地形、树形优美的树群，天然一道亮丽的风景线，因此在农业景观设计中应作为重点打造对象。林地中的道路景观构成一般采用行距规则式的栽植，但这种形式比较呆板。因此，可在靠近水溪的林道两侧和交叉路口、出入口等地随地形起伏、蜿蜒的山脊和现状基础较好的景观搭配，以自然的形式布置风景林或孤植树，使游人视线所及的环境自然活泼，便于行进路途感受别致的变化景观。设计的林中道路在满足栽植、养护、运输功能要求的同时，道路应以自由曲折的线型为宜，随树群迂回曲折，并途经林区主要景观节点。

铺装设计应就地取材，多为青石板材，自然生态与自然环境相协调。注意沿路应创造优美的林相，风景应尽量有所变化，游人在组织的游线中可顺势借景周边，且步移景异。为丰富游人的审美感受，还应注意道路路面的光影变化，具体体现为林道宽度与两侧植被的高度的比例尺度、树群连续林冠线的实与透、郁闭度等因素。

防护林的营造应结合农业景观的建设，坚持适地适树、防护功能的原则、注意林相的四季景观效果。为满足游人观赏的需要，林缘线需要美化，具体可考虑形成层次丰富、色彩绚丽、四季有景可观的森林彩带。特别是山林道路的重要节点上，可在路旁和拐角处设置阻碍视线的树木，选择生长力强的花、果、叶、枝有较高观赏价值的树种，增加情趣的同时更具美观效果。注意布局形式要自然，层次错落，平面疏密结合，尽量避免规整种植。

保护的山林中，可以设置一些小草坪，但面积不能过大，可形成风景透视线。草地形状不能呈规则的形状，边缘的树木呈自然布置小树群，避免形成呆板景观，主调鲜明，形式自然活泼，风景效果好。为了安全考虑，应注意防火措施，山林中可设计瞭望台，同时可以兼作景观观景台使用。

7. 果蔬、大棚景观

农业果蔬园、微菜园景观环境的塑造以简约自然为主，做到景观与产业的相互协调融合。

采用菜棚景观园，宜在道路间留出 1 ~ 3m 不等的绿化景观带，以乔灌花草相结合方式进行植物栽植。可观花也可观果，具有良好的视觉效果。

新村建设中，南方一些山地村落，将核桃种植列为主要的农业产业之一。在城郊的一些农家院落，为发展农家乐休闲服务，配合打造院落微田园农业景观。村民在可利用的空间里因地制宜、种植瓜果豆菜、集约利用。微田园外围设计农村特色的木质篱笆，柔性藤蔓攀缘而上，红花绿叶为生机盎然的田园添加一份俏皮。最外围种植美丽的梨树，白色与绿色蔬菜互相增色，围而不透，既阻隔了道路上的噪声和污染，又使得有一份隐隐约约的神秘。

南方一些农村山地，通过规划种植核桃林、魔芋立体生态园的农业景观，让其形成集生态、休闲、农业和旅游于一体，具有高经济效应、生态效应和社会效应的综合园林。从生态旅游角度，核桃树是一种高大乔木，覆荫面积广，林下空旷；核桃树秋冬落叶，树下叶肥丰厚，为低矮植物生长提供营养保障；在山上种植大量的核桃树，无论是春夏的一片绿林，还是秋天的硕果累累，都是一道美丽的风景线。魔芋是多年生草本植物，喜阴凉惧阳光，上面大量的核桃树既能保护山上的水土，也为下面大量的魔芋提供了较好的生态环境。魔芋四季如春，和山上核桃林交相呼应。从观赏休闲角度，让前来的游客体验生态农业的休闲生活。核桃林和魔芋园间的一条条乡间小道，宁静而悠闲，走在上面柔软和清新。一旁的农房可以打造成休闲农家乐，游客可以“吃农家粗粮，干农家细活，享乡村陶然之乐”。

三、农业景观规划步骤与设计内容

（一）农业景观规划步骤

1. 调查研究阶段

确定项目任务后，需向相关人员进行咨询，并进行实地调研，了解农业园区内的用地情况、区位、交通以及规划范围等，收集与基地有关的自然、历史和农业背景资料，充分了解委托方的具体要求、愿望，对整个基地的环境状况和社会、人文情况进行综合调查。

2. 资料分析研究与项目策划阶段

根据现场调研的资料及其对现状情况的了解，对区域内用地的基本要素和性质进行分析，包括区位、现状用地、产业发展条件、自然资源，以及当地的社会经济条件、产业发展现状等进行分析，形成一个整体评价，确定该地段可能进行的建设。通过市场发展前景分析确定产业景观打造要点以及资源整合利用的元素；根据空间环境要点确定产业景观、生活景观以及农业生态景观的方案构思，提出规划纲要，明确规划内容、工作程序、完成时间、成果内容。特别是主题定位、功能表达、项目类型、时间期限及经济匡算等。最后结合项目背景，针对确定的发展目标，拟定景观规划设计的大纲内容。

3. 方案编制阶段

根据各项分析结果，以及现有景观资源找寻发展潜力点，得出不同性质用地的主要打造方向即功能分区，勾画出整个园区的用地规划布局，同时结合经济因素的分析确定主要产业景观的依托单元，规划主题对建筑形式以及空间布局的影响等，形成利于该地段景观打造以及产业发展的合理方案，完成方案图件初稿和文字稿，形成初步方案。并邀请项目双方及其他专家进行讨论、论证，并根据论证意见进行初稿的修改和完善。

4. 概念性规划、初步规划设计阶段

在初稿的基础上，审定规划内容和发展模式，总体确定后，应结合基地的景观和文化对地块进行初步的规划设计。

5. 详细规划设计阶段

该阶段是在初步设计方案的基础上的细化，将各类景观资源的利用和打造方式具体落实，包括绿化配置、设施小品等的具体设计，形成完整的景观规划设计方案。

（二）农业景观设计主要内容

1. 项目概况

（1）背景分析

①政策分析。

②乡村旅游发展态势。

（2）区位条件

①地理交通区位。

②旅游区位。

（3）资源分析

①资源概述：包括自然资源、农业资源、服务业资源等。

②开发建议：包括资源整合、产业支撑、智慧旅游等。

（4）市场分析

①市场发展趋势。

②地域旅游市场需求分析。

③市场定位。

（5）综合现状分析及评价

①用地情况。

②地形地貌。

③植被、水文、土壤条件。

④市政设施。

2. 规划总体构思

（1）规划原则

①绿色低碳原则。

②体验优先原则。

③市场导向原则。

④文态活化原则。

（2）总体定位与目标

①总体定位。

②发展目标。

（3）发展战略。

（4）设计立意与构思。

3. 总体规划

（1）总体布局。

（2）功能分区。

包括观光游憩区、食宿区、滨溪区、湿地区、游乐区、林带、民俗院落等。

（3）道路交通

包括各级道路设计，如景观道路、主园路、游步道、栈道等。

（4）绿地景观。

（5）管线设施。

（6）综合防灾。

包括防洪规划、抗震规划、地质灾害防治等。

（7）植物配置

①配置原则。

②植物种类选择，包括乔木、灌木、地被、花草、水生植物等。

（8）景观设施指引

①休息设施。

②标识设施。

③夜景灯光。

④公共设施。

4. 分区详细设计

（1）位置与用地规模。

（2）设计构思与总体布局。

（3）植物配置。

（4）铺装。

（5）经济技术指标。

（6）造价估算。

5. 投资估算

6. 近、远期实施建议

（1）总体实施。

（2）分期施工建议。

①近期建设。

②中期建设。

③远期建设。

参考文献

[1] 萧默 . 建筑意 [M]. 北京：清华大学出版社，2006.

[2] 廖建军 . 园林景观设计基础 [M]. 湖南：湖南大学出版社，2011.

[3] 侯幼彬 . 中国建筑美学 [M]. 北京：中国建筑工业出版社，2009.

[4] 唐学山 . 园林设计 [M]. 北京：中国林业出版社，1996.

[5] 彭一刚 . 中国古典园林分析 [M]. 北京：中国建筑工业出版社，1999.

[6] 余树勋 . 园林美与园林艺术 [M]. 北京：科学出版社，1987.

[7] 高宗英 . 谈绘画构图 [M]. 济南：山东人民出版社，1982.

[8] 计成 . 园冶注释 [M]. 北京：中国建筑工业出版社，1988.

[9] 王其钧 . 中国园林建筑语言 [M]. 北京：机械工业出版社，2007.

[10] 褚泓阳，屈永建 . 园林艺术 [M]. 西安：西北工业大学出版社，2002.

[11] 韩轩 . 园林工程规划与设计便携手册 [M]. 北京：中国电力出版社，2011.

[12] 邹原东 . 园林绿化施工与养护 [M]. 北京：化学工业出版社，2013.

[13][美] 阿纳森 . 西方现代艺术史：绘画·雕塑·建筑 [M]. 天津：天津人民美术出版社，1999.

[14][西] 毕加索 . 现代艺术大师论艺术 [M]. 北京：中国人民大学出版社，2003.

[15][美] 诺曼 · K · 布恩 . 风景园林设计要素 [M]. 北京：中国林业出版社，1989.

[16][德] 汉斯 · 罗易德（Hans Loidl），斯蒂芬 · 伯拉德（Stefan Bernaed），等 . 开放的空间 [M]. 北京：中国电力出版社，2007.

[17] 彭一刚 . 中国古典园林分析 [M]. 北京：中国建筑工业出版社，1986.

[18][美] 格兰特 · W · 里德 . 园林景观设计从概念到设计 [M]. 北京：中国建筑工业出版社，2010.

[19] 郭晋平，周志翔 . 景观生态学 [M]. 北京：中国林业出版社，2006.

[20] 西湖览胜 [M]. 杭州：浙江人民出版社，2000.

[21] 王郁新，李文，贾军 . 园林景观构成设计 [M]. 北京：中国林业出版社，2010.

[22] 王惕 . 中华美术民俗 [M]. 北京：中国人民大学出版社，1996.

[23] 傅道彬 . 晚唐钟声—中国文学的原型批评 [M]. 北京：北京大学出版社，2007：161.

[24] 孟详勇 . 设计—民生之美 [M]. 重庆：重庆大学出版社，2010.